Buchführungsfehler und Betriebsprüfung

Feststellungen im Rahmen der steuerlichen Betriebsprüfung und Fehlerkorrektur –

mit Buchungssätzen sowie Aufgaben und Lösungen aus der Praxis

von

Dipl.-Finanzwirt
Peter Schumacher

begründet von

Dipl.-Finanzwirt
Martin Leister

5., völlig neu bearbeitete und erweiterte Auflage

ERICH SCHMIDT VERLAG

Bibliografische Information der Deutschen Bibliothek

Die Deutsche Nationalbibliothek verzeichnet diese Publikation
in der Deutschen Nationalbibliografie; detaillierte bibliografische Daten sind
im Internet über http://dnb.d-nb.de abrufbar.

Weitere Informationen zu diesem Titel finden Sie im Internet unter
ESV.info/978 3 503 14181 4

1. Auflage 1994
2. Auflage 1995
3. Auflage 1999
4. Auflage 2007
5. Auflage 2012

ISBN 978 3 503 14181 4

Dieses Papier erfüllt die Frankfurter Forderungen
der Deutschen Bibliothek und der Gesellschaft für das Buch
bezüglich der Alterungsbeständigkeit und entspricht sowohl den
strengen Bestimmungen der US Norm Ansi/Niso Z 39.48-1992
als auch der ISO-Norm 9706.

Druck und Bindung: Difo-Druck, Bamberg

Vorwort zur 5. Auflage

Schwerpunkte der vollständigen Überarbeitung dieses Werkes in der fünften Auflage waren einerseits die Einarbeitung der geänderten gesetzlichen Regelungen im Bereich des Handelsrechts durch das Bilanzrechtsmodernisierungsgesetz (BilMoG), des Einkommensteuerrechts insbesondere durch das Wachstumsbeschleunigungsgesetz und das Jahressteuergesetz 2010 sowie der Abgabenordnung durch das Jahressteuergesetz 2010, das insbesondere Neuregelungen zu Fragen der Verlagerung der elektronischen Buchführung in das Ausland mit sich gebracht hat.

Andererseits war es erforderlich, die gegenüber der vorherigen Auflage durch Rechtsprechung und Verwaltungsanweisungen zum Teil erheblich veränderte Rechtslage zu berücksichtigen.

Das Werk in der vorliegenden Fassung gibt den Rechtsstand zum 1.1.2012 wieder, soweit nicht ausdrücklich im jeweiligen Sachverhalt hierzu abweichende Aussagen getroffen werden.

Die Ausführungen in den Kapiteln Eins bis Drei dieses Fachbuchs bieten dem Praktiker einen schnellen, aber umfassenden Überblick zu Fragen der Buchführung und des Jahresabschlusses, zur Feststellung von Buchführungsfehlern und der Mehr- und Weniger-Rechnung.

Die im Vierten Kapitel dargestellten Sachverhalte sowie die Übungsaufgaben samt Lösungen bilden die in der Praxis durch den Betriebsprüfer sehr häufig anzutreffenden Fehler ab und ermöglichen es so dem praktischen Anwender, diese zukünftig zu vermeiden.

Dornburg / Martinsthal, im August 2012   *Die Verfasser*

Vorwort zur 1. Auflage

Die Buchführung, als Teil des betrieblichen Rechnungswesens, wird in den Unternehmen von zahlreichen Institutionen geprüft. Seitens der Steuerverwaltung sind dies die Betriebsprüfungsstellen. Die Prüferinnen und Prüfer haben die Aufgabe, Fehler in der Buchführung – zugunsten wie zuungunsten des Steuerpflichtigen – festzustellen und zu korrigieren. Damit soll letztlich erreicht werden, dass die Steuern richtig und gleichmäßig festgesetzt werden.

Hauptinhalt des vorliegenden Buches ist – im vierten Kapitel – die Darstellung von Sachverhalten, wie sie so oder in ähnlicher Form durch die Betriebsprüfung täglich in den Buchführungen der Unternehmen angetroffen werden. Dem jeweiligen Sachverhalt schließen sich die vom Stpfl. erstellten Buchungssätze und die Darstellung der Buchungen auf Konten an. Anschließend folgen die Feststellungen der Betriebsprüfung und die Änderungen, bezogen auf das Betriebsergebnis. Im Übungsteil haben Leserin und Leser Gelegenheit, vorgegebene Sachverhalte selbst zu bearbeiten. Lösungshinweise zu den Übungsaufgaben bilden den Abschluss des Buches.

Die besprochenen Fälle sind Erfahrungen aus der langjährigen Tätigkeit des Autors in der Betriebsprüfung. Dieses Buch soll kein theoretisches Werk sein, sondern dem Praktiker Anregung und Hilfe geben. Aber auch denjenigen, die sich erstmals mit steuerlichen Fragen auseinandersetzen, kann das Buch ein interessanter Einstieg in die neue Materie sein. Der Autor hat absichtlich nicht zu jedem Sachverhalt die Feststellungen der Betriebsprüfung und die Rechtsgrundlagen bis ins letzte Detail dargestellt. Dies geschieht i.d.R. auch in der Praxis nicht. Die beschriebenen Argumente und Rechtsgrundlagen hatten bei den durchgeführten Prüfungen genügt, um die Änderungen durch die Betriebsprüfung begründen und durchsetzen zu können.

Um die Prüfungspraxis so wirklichkeitsnah wie möglich darzustellen, wurden in den Beispielen „echte" Kalenderjahre und Umsatzsteuersätze verwendet.

Martinsthal / Rheingau, im November 1993   *Martin Leister*

INHALTSVERZEICHNIS

Verzeichnis der Gesetze, Verordnungen und Richtlinien

Folgende Gesetze, Verordnungen und Richtlinien wurden bei der Erstellung dieses Fachbuches berücksichtigt:

– Abgabenordnung (AO 1977)

neu gefasst durch Bekanntmachung vom 1. 10. 2002 (BGBl 2002 I S. 3866), zuletzt geändert durch Gesetz zur Änderung von Vorschriften über Verkündung und Bekanntmachungen sowie der Zivilprozessordnung, des Gesetzes betreffend die Einführung der Zivilprozessordnung und der Abgabenordnung vom 22. 12. 2011 (BGBl 2011 I S. 3044)

– Anwendungserlass zur Abgabenordnung

vom 15. 7. 1998 (BStBl 1998 I S. 630), zuletzt geändert durch BMF-Schreiben vom 30. 1. 2012 (BStBl 2012 I S. 147)

– Einführungsgesetz zur Abgabenordnung

neu gefasst durch Bekanntmachung vom 14. 12. 1976 (BGBl 1976 I S. 3341, ber. 1977 I S. 667), zuletzt geändert durch Steuervereinfachungsgesetz 2011 vom 1. 11. 2011 (BGBl 2011 I S. 2131)

– Umsatzsteuergesetz

neu gefasst durch Bekanntmachung vom 21. 2. 2005 (BGBl 2005 I S. 386), geändert durch Steuervereinfachungsgesetz 2011 vom 1. 11. 2011 (BGBl 2011 I S. 2131), geändert durch Drittes Gesetz zur Änderung des Umsatzsteuergesetzes vom 6. 12. 2011 (BGBl 2011 I S. 2562), zuletzt geändert durch Gesetz zur Umsetzung der Beitreibungsrichtlinie sowie zur Änderung steuerlicher Vorschriften (Beitreibungsrichtlinie-Umsetzungsgesetz – BeitrRLUmsG) vom 7. 12. 2011 (BGBl 2011 I S. 2592)

– Umsatzsteuer-Durchführungsverordnung

vom 21. 12. 1979 (BGBl 1979 I S. 2359), neu gefasst durch Bekanntmachung vom 21. 2. 2005 (BGBl 2005 I S. 434), zuletzt geändert durch Zweite Verordnung zur Änderung steuerlicher Verordnungen vom 2. 12. 2011 (BGBl 2011 I S. 2416)

– Umsatzsteuer-Anwendungserlass

Verwaltungsregelung zur Anwendung des Umsatzsteuergesetzes vom 1. 10. 2010 (BStBl 2010 I S. 846), zuletzt geändert durch BMF-Schreiben vom 3. 4. 2012 (BStBl 2012 I S. 212); tagesaktuelle Fassung auf www.bundesfinanzministerium.de

– Einkommensteuergesetz

neu gefasst durch Bekanntmachung vom 8. 10. 2009 (BGBl 2009 I S. 3366), geändert durch Steuervereinfachungsgesetz 2011 vom 1. 11. 2011 (BGBl 2011 I S. 2131), geändert durch Gesetz zur Umsetzung der Beitreibungsrichtlinie sowie zur Änderung steuerlicher Vorschriften (Beitreibungsrichtlinie-Umsetzungsgesetz – BeitrRLUmsG) vom 7. 12. 2011 (BGBl 2011 I S. 2592), zuletzt geändert durch Gesetz zur Verbesserung der Eingliederungschancen am Arbeitsmarkt vom 20. 12. 2011 (BGBl 2011 I S. 2854)

– Einkommensteuer-Durchführungsverordnung

neu gefasst durch Bekanntmachung vom 10. 5. 2000 (BGBl 2000 I S. 717), zuletzt geändert durch Steuervereinfachungsgesetz 2011 vom 1. 11. 2011 (BGBl 2011 I S. 2131)

– Einkommensteuer-Richtlinien 2008

vom 18. 12. 2008 (BStBl 2008 I S. 1017)

– Solidaritätszuschlaggesetz 1995

neu gefasst durch Bekanntmachung vom 15. 10. 2002 (BGBl 2002 I S. 4130), zuletzt geändert durch Gesetz zur Umsetzung der Beitreibungsrichtlinie sowie zur Änderung steuerlicher Vorschriften (Beitreibungsrichtlinie-Umsetzungsgesetz – BeitrRLUmsG) vom 7. 12. 2011 (BGBl 2011 I S. 2592)

– Lohnsteuer-Richtlinien 2011

vom 23. 11. 2010 (BStBl 2010 I S. 1325)

– Körperschaftsteuergesetz (ab VZ 2001)

neu gefasst durch Bekanntmachung vom 15. 10. 2002 (BGBl 2002 I S. 4144), zuletzt geändert durch Gesetz zur Umsetzung der Beitreibungsrichtlinie sowie zur Änderung steuerlicher Vorschriften (Beitreibungsrichtlinie-Umsetzungsgesetz – BeitrRLUmsG) vom 7. 12. 2011 (BGBl 2011 I S. 2592)

– Körperschaftsteuer-Richtlinien 2004

vom 13. 12. 2004 (BStBl I Sondernummer 2/2004)

– Gewerbesteuergesetz

neu gefasst durch Bekanntmachung vom 15. 10. 2002 (BGBl 2002 I S. 4167), geändert durch Jahressteuergesetz 2010 (JStG 2010) vom 8. 12. 2010 (BGBl 2010 I S. 1768), zuletzt geändert durch Gesetz zur Umsetzung der Beitreibungsrichtlinie sowie zur Änderung steuerlicher Vorschriften (Beitreibungsrichtlinie-Umsetzungsgesetz – BeitrRLUmsG) vom 7. 12. 2011 (BGBl 2011 I S. 2592)

– Gewerbesteuer-Richtlinien 2009

vom 28. 4. 2010 (BStBl I Sondernummer 1/ 2010)

– Handelsgesetzbuch

vom 10. 5. 1897 (RGBl 1897 S. 219), zuletzt geändert durch Gesetz zur Änderung von Vorschriften über Verkündung und Bekanntmachungen sowie der Zivilprozessordnung, des Gesetzes betreffend die Einführung der Zivilprozessordnung und der Abgabenordnung vom 22. 12. 2011 (BGBl 2011 I S. 3044)

Abkürzungsverzeichnis

a.a.O.	am angegebenen Ort

ABl.	Amtsblatt
Abs.	Absatz/es/Absätze/n
AdV	Aussetzung der Vollziehung
AEAO	Anwendungserlass zur Abgabenordnung
a.F.	alte Fassung
AfA	Absetzung für Abnutzung
AfaA	Absetzung für außergewöhnliche Abnutzung
AfS	Absetzung für Substanzverringerung
AG	Arbeitgeber/Aktiengesellschaft
AK	Anschaffungskosten
AktG	Aktiengesetz
AN	Arbeitnehmer
AO	Abgabenordnung
AO-EG	Einführungsgesetz zur Abgabenordnung
a.o.	außerordentlich
Art.	Artikel

BA	Betriebsausgabe(n)
BB	„Betriebsberater" – Fachzeitschrift
BBodSchG	Bundesbodenschutzgesetz
BfF	Bundesamt für Finanzen [jetzt: Bundeszentralamt für Steuern]
BFH	Bundesfinanzhof
BFHE	Entscheidungssammlung des Bundesfinanzhofs
BFH/NV	„Sammlung amtlich nicht veröffentlichter Entscheidungen des Bundesfinanzhofs" – Fachzeitschrift
BGB	Bürgerliches Gesetzbuch
BGBl	Bundesgesetzblatt
BilMoG	Bilanzrechtsmodernisierungsgesetz
BiRiLiG	Bilanzrichtlinien-Gesetz
BMF	Bundesministerium der Finanzen, Bundesminister der Finanzen
BMG	Bemessungsgrundlage
Bp	Betriebsprüfung(en)
BpO	Betriebsprüfungsordnung
BStBl	Bundessteuerblatt
BVerfG	Bundesverfassungsgericht
BZSt	Bundeszentralamt für Steuern

DB	„Der Betrieb" – Fachzeitschrift
DBA	Doppelbesteuerungsabkommen
d.h.	das heißt
div.	diverse
DStR	Deutsches Steuerrecht
DV	Durchführungsverordnung
EDV	Elektronische Datenverarbeitung
EFG	„Entscheidungen der Finanzgerichte" – Fachzeitschrift
EG	Europäische (Wirtschafts-) Gemeinschaft
EG-RL	Richtlinie(n) der Europäischen Gemeinschaft
EK	Eigenkapital
ESt	Einkommensteuer
EStDV	Einkommensteuer-Durchführungsverordnung
EStG	Einkommensteuergesetz
EStH	Einkommensteuer-Hinweise
estpflichtig	einkommensteuerpflichtig
EStR	Einkommensteuer-Richtlinien
EU	Europäische Union, siehe auch EG
EuGH	Europäischer Gerichtshof
EURLUmsG	Richtlinien-Umsetzungsgesetz
EUSt	Einfuhrumsatzsteuer
FG	Finanzgericht
FGO	Finanzgerichtsordnung
FiBu	Finanzbuchhaltung
GbR	Gesellschaft bürgerlichen Rechts
GDPdU	Grundsätze zum Datenzugriff und zur Prüfbarkeit digitaler Unterlagen
gem.	gemäß
Ges.	Gesellschafter/in
GewSt	Gewerbesteuer
GewStG	Gewerbesteuergesetz
GewStR	Gewerbesteuer-Richtlinien
GG	Grundgesetz
ggf.	gegebenenfalls
GmbHG	Gesetz über Gesellschaften mit beschränkter Haftung
GoB	Grundsätze ordnungsmäßiger Buchführung

GoBS	Grundsätze ordnungsmäßiger DV-gestützter Buchführungssysteme
GuB	Grund und Boden
GuV-Rechnung	Gewinn- und Verlustrechnung
GV	Gesellschaftsvertrag
GWG	Geringwertige Wirtschaftsgüter
HEV	Halbeinkünfteverfahren
HGB	Handelsgesetzbuch
HK	Herstellungskosten
HR	Handelsregister
IDEA	Prüfsoftware, technische Bereitstellungshilfe zur Format- und Inhaltsbeschreibung steuerlich relevanter Daten
i.d.F.	in der Fassung
i.d.R.	in der Regel
i.H.v.	in Höhe von
i.S.d.	im Sinne des
i.S.v.	im Sinne von
i.V.m.	in Verbindung mit
IZA	Informationszentrale für steuerliche Auslandsbeziehungen
KapGes	Kapitalgesellschaft
KESt	Kapitalertragsteuer
KG	Kommanditgesellschaft
KiSt	Kirchensteuer
Kj	Kalenderjahr
KSt	Körperschaftsteuer
KStG	Körperschaftsteuergesetz
kstpflichtig	körperschaftsteuerpflichtig
KStR	Körperschaftsteuer-Richtlinien
LfSt	Landesamt für Steuern
LSt	Lohnsteuer
LStH	Hinweise zu den Lohnsteuer-Richtlinien
LStR	Lohnsteuer-Richtlinien
LuF	Land- und Forstwirtschaft
nabz.	nicht abzugsfähig

ND	Nutzungsdauer
NJW	Neue Juristische Wochenschrift
Nr./Nrn.	Nummer/Nummern
nrkr.	nicht rechtskräftig
OFD	Oberfinanzdirektion
OHG	Offene Handelsgesellschaft
PersGes	Personengesellschaft(en)
RdNr.	Rand-Nummer
R	Richtlinie/n
s.	siehe
S.	Seite
SachBezVO	Sachbezugsverordnung
SGB	Sozialgesetzbuch
SIS	SIS Datenbank Steuerrecht, SIS Verlag GmbH, Grassbrunn bei München
sog.	so genannte
Solz	Solidaritätszuschlag
SolzG	Solidaritätszuschlaggesetz 1995
StB	Steuerbilanz, Steuerberater
Stpfl.	Steuerpflichtige/r/n
StSatz	Steuersatz
s.u.	siehe unten
UStDV	Umsatzsteuer-Durchführungsverordnung
UStG	Umsatzsteuergesetz
USt-IdNr.	Umsatzsteuer-Identifikationsnummer
ustl.	umsatzsteuerlich
UStR	Umsatzsteuer-Richtlinien
VA	Voranmeldung/Vermittlungsausschuss
vgl.	vergleiche
v.H.	vom Hundert
VO	Verordnung
VuV	Vermietung und Verpachtung
VZ	Veranlagungszeitraum

WG	Wirtschaftsgut
Wj	Wirtschaftsjahr
z.B.	zum Beispiel
Ziff.	Ziffer
zvE	zu versteuerndes Einkommen

Erstes Kapitel: Buchführung und Jahresabschluss

1. Begriffsbestimmungen

Das betriebliche Rechnungswesen umfasst die wesentlichen Teilbereiche Finanzwesen (Finanzbuchhaltung), Kosten- und Leistungsrechnung (Betriebsabrechnung und Kalkulation), Vergleichsrechnung und die Planungsrechnung.

Aufgabe der Buchführung ist es,

- die Geschäftsvorfälle innerhalb eines bestimmten Zeitabschnitts (Wirtschaftsjahr) chronologisch, systematisch und lückenlos aufzuzeichnen (Dokumentationsfunktion),

- den Unternehmer und Außenstehende am Ende des Wirtschaftsjahres durch die Erstellung des Jahresabschlusses zu informieren (Informationsfunktion). Der Jahresabschluss besteht aus der Bilanz und der Gewinn- und Verlustrechnung, bei Kapitalgesellschaften zusätzlich aus einem Anhang und Lagebericht,

- dem Unternehmer sowie Dritten (Banken, Gläubigern, Behörden) jederzeit Auskunft über die Vermögens- und Ertragslage des Unternehmens zu geben.

2. Buchführungspflichten

2.1 Buchführungspflichten nach Handelsrecht

2.1.1 Allgemeine Grundsätze

Nach § 238 Abs. 1 HGB ist jeder Kaufmann verpflichtet, Bücher zu führen und in diesen seine Handelsgeschäfte und die Lage seines Vermögens nach den Grundsätzen ordnungsmäßiger Buchführung ersichtlich zu machen. Die Vorschrift des § 242 HGB regelt darüber hinaus die Pflicht zur Erstellung von Jahresabschlüssen.

Kaufmann ist nach § 1 HGB, wer ein Handelsgewerbe betreibt, das einen in kaufmännischer Weise eingerichteten Geschäftsbetrieb erfordert. Diese Regelung gilt insbesondere für Einzelunternehmen, die nicht im Handelsregister eingetragen sind.

Für Personengesellschaften und juristische Personen ergibt sich die Kaufmannseigenschaft, sofern sie nicht bereits nach § 1 HGB bejaht werden kann, auch durch die Eintragung der Firma im Handelsregister (§ 2 HGB).

Besondere Verpflichtungen ergeben sich aus folgenden Gesetzen:

–   nach § 91 AktG hat der Vorstand von Aktiengesellschaften dafür zu sorgen, dass die erforderlichen Bücher geführt werden;

–   nach §§ 41, 42 GmbHG sind die Geschäftsführer von Gesellschaften mit beschränkter Haftung verpflichtet, für die ordnungsmäßige Buchführung der Gesellschaft zu sorgen;

–   nach § 33 GenG hat der Vorstand einer eingetragenen Genossenschaft dafür zu sorgen, dass die erforderlichen Bücher der Genossenschaft ordnungsgemäß geführt werden.

2.1.2 Befreiung von der Buchführungspflicht

Ein Eckpunkt der Reform des Handelsrechts durch das BilMoG ist die Aufhebung der bestehenden handelsrechtlichen Rechnungslegungspflicht für Einzelkaufleute, soweit diese die folgenden Schwellenwerte in zwei aufeinander folgenden Geschäftsjahren nicht überschreiten (§ 241a HGB i.d.F. des BilMoG):

Umsatz: 500.000 €

Jahresüberschuss: 50.000 €

Durch diese Neuregelung kommt es zu einer erheblichen Erleichterung für Einzelkaufleute, die bei Unterschreitung der Schwellenwerte weder Bücher führen (§§ 238, 239 HGB) noch ein Inventar erstellen (§§ 240, 241 HGB) müssen. Über die Neuregelung des angefügten Abs. 4 in § 242 HGB sind sie auch von der Verpflichtung, einen Jahresabschluss mit Bilanz und GuV-Rechnung zu erstellen, befreit.

Personenhandelsgesellschaften können diese Befreiung nicht in Anspruch nehmen, da die besonderen gesellschaftsrechtlichen Notwendigkeiten, wie etwa die Gewinnverteilung, beachtet werden müssen.

Bei Neugründungen entfällt die Buchführungspflicht bereits dann, wenn die Schwellenwerte am ersten Abschlussstichtag nach der Neugründung nicht überschritten werden (§ 242 Abs. 4 HGB i.d.F. des BilMoG).

2.2 Besondere Aufzeichnungspflichten für bestimmte Betriebe

Neben den unter 2.1.1 genannten allgemeinen Buchführungspflichten gibt es für bestimmte Betriebe und Berufe noch besondere Buchführungs- und Aufzeichnungspflichten, die sich aus einer Vielzahl von Einzelgesetzen oder Verordnungen ergeben können, von denen hier nur einige exemplarisch genannt werden sollen (vgl. S. Rauch in „Aufzeichnungs- und Buchführungspflichten", Haufe-Verlag):

–   Apotheken müssen sog. Herstellungs- und Prüfungsbücher führen (§ 22 Apothekenbetriebsordnung und §§ 13–15 Betäubungsmittelverschreibungsverordnung);

–   Abfallbetriebe sind nach der Abfallnachweisverordnung verpflichtet, Aufzeichnungen über das Einsammeln, Befördern und Beseitigen von Abfällen zu führen;

–   Fahrlehrer sind nach § 18 des Fahrlehrergesetzes verpflichtet, Aufzeichnungen über die Ausbildung eines jeden Fahrschülers sowie über das erhobene Entgelt zu führen;

–   Lohnsteuerhilfevereine müssen Einnahmen und Ausgaben nach § 21 des Steuerberatungsgesetzes aufzeichnen;

–   Versteigerer haben nach § 8 der Versteigererverordnung Aufzeichnungen über ihre Aufträge zu führen.

2.3 Buchführungspflicht nach Steuerrecht

2.3.1 Allgemeine Buchführungspflichten

Wer nach anderen Gesetzen als den Steuergesetzen Bücher und Aufzeichnungen zu führen hat, die für die Besteuerung von Bedeutung sind, hat die Verpflichtungen, die ihm nach den anderen Gesetzen obliegen, auch für die Besteuerung zu erfüllen (§ 140 AO). Somit macht sich das Steuerrecht die außersteuerlichen Buchführungspflichten zunutze.

Nach § 141 AO ergibt sich eine originäre steuerliche Buchführungspflicht für bestimmte gewerbliche Unternehmer und Land- und Forstwirte, die nicht über § 140 AO i.V.m. einer handelsrechtlichen Vorschrift bereits buchführungspflichtig sind.

Eine Buchführungspflicht besteht dann, wenn

- die Umsätze einschließlich der steuerfreien Umsätze, ausgenommen die Umsätze nach § 4 Nr. 8 bis 10 des Umsatzsteuergesetzes mehr als 500.000 € betragen oder

- die selbstbewirtschafteten land- und forstwirtschaftliche Flächen einen Wirtschaftswert (§ 46 des Bewertungsgesetzes) von mehr als 25.000 € haben oder

- ein Gewinn aus Gewerbebetrieb von mehr als 50.000 € im Wirtschaftsjahr erzielt wird oder

- ein Gewinn aus Land- und Forstwirtschaft von mehr als 50.000 € im Kalenderjahr erwirtschaftet wird.

Die Buchführungspflicht gilt bereits bei Überschreiten einer der genannten Grenzen. Sie gilt jedoch nicht für Freiberufler. Diese können ihren Gewinn durch Einnahmen-Überschuss-Rechnung ermitteln oder aber freiwillig Bücher führen. Im Übrigen beginnt die Buchführungspflicht mit Beginn des Wirtschaftsjahres, das der Bekanntgabe der Mitteilung der Finanzbehörde über das Bestehen der Buchführungspflicht folgt (§ 141 Abs. 2 AO).

Bei Unterschreiten der Schwellenwerte nach § 241a HGB und gleichzeitig auch des § 141 AO ergibt sich weder aus Handelsrecht, noch aus Steuerrecht eine Buchführungsverpflichtung. Demnach kann der Kaufmann seine Gewinnermittlung auf Basis einer Einnahmen-Überschuss-Rechnung vornehmen. Problematisch könnte in diesem Zusammenhang nur sein, ob damit die Funktionen der Handelsbilanz wie Gläubigerschutz oder Information für kreditgewährende Banken, ausreichend erfüllt werden können.

2.3.2 Besondere steuerliche Aufzeichnungspflichten

Neben den allgemeinen nur im Steuerrecht geregelten Buchführungspflichten bestehen auch eine Vielzahl von besonderen Aufzeichnungspflichten, die bei Inanspruchnahme von Steuervergünstigungen sowie bei Verwirklichung bestimmter Sachverhalte zu erfüllen sind. Beispielhaft werden hier genannt:

§ 5 Abs. 1 Sätze 2 und 3 EStG:

Nach dem Wegfall der sog. umgekehrten Maßgeblichkeit durch das BilMoG sind steuerliche Wahlrechte (z.B. zur Bildung von Rücklagen nach § 6b EStG) ausschließlich in der Steuerbilanz auszuüben und zu dokumentieren. Allerdings ist Voraussetzung für die Ausübung steuerlicher Wahlrechte, dass die Wirtschaftsgüter, die nicht mit dem handelsrechtlich maßgeblichen Wert in der steuerlichen Gewinnermittlung ausgewiesen werden, in besondere, laufend zu führende Verzeichnisse aufgenommen werden. In den Verzeichnissen sind der Tag der Anschaffung oder Herstellung der Wirtschaftsgüter, die Anschaffungs- oder Herstellungskosten, die Vorschrift des ausgeübten steuerlichen Wahlrechts und die vorgenommenen Abschreibungen nachzuweisen.

§ 6 Abs. 2 Sätze 4 und 5 EStG:

Die Inanspruchnahme der Bewertungsfreiheit für geringwertige Wirtschaftsgüter (GWG) erfordert, dass solche GWG, deren Wert 150 € übersteigt, unter Angabe des Tages der Anschaffung, Herstellung oder Einlage des Wirtschaftsguts oder der Eröffnung des Betriebs und der Anschaffungs- oder Herstellungskosten in ein besonderes, laufend zu führendes Verzeichnis aufzunehmen sind. Das Verzeichnis braucht nicht geführt zu werden, wenn diese Angaben aus der Buchführung ersichtlich sind.

§ 7a Abs. 8 EStG:

Nach dieser Vorschrift sind erhöhte Absetzungen oder Sonderabschreibungen bei Wirtschaftsgütern, die zu einem Betriebsvermögen gehören, nur zulässig, wenn sie in ein besonderes, laufend zu führendes Verzeichnis aufgenommen werden, das den Tag der Anschaffung oder Herstellung, die Anschaffungs- oder Herstellungskosten, die betriebsgewöhnliche Nutzungsdauer und die Höhe der jährlichen Absetzungen für Abnutzung, erhöhten Absetzungen und Sonderabschreibungen enthält. Das Verzeichnis braucht nicht geführt zu werden, wenn diese Angaben aus der Buchführung ersichtlich sind.

§ 22 Abs. 1 UStG

Der Unternehmer ist nach § 22 Abs. 1 UStG verpflichtet, zur Feststellung der Steuer und der Grundlagen ihrer Berechnung Aufzeichnungen zu machen. Aus diesen Aufzeichnungen müssen unter anderem die vereinbarten Entgelte für die vom Unternehmer ausgeführten Lieferungen und sonstigen Leistungen zu ersehen sein. Weitere Aufzeichnungspflichten ergeben sich aus den Einzelregelungen der Umsatzsteuerdurchführungsverordnung.

3. Grundsätze ordnungsgemäßer Buchführung (GoB)

Nach § 238 Abs. 1 HGB sind bei der Erstellung der Bücher und Aufzeichnungen die Grundsätze ordnungsmäßiger Buchführung zu beachten. Diese sind nicht etwa in Gesetzesform definiert, vielmehr handelt es sich um einen unbestimmten Rechtsbegriff, der durch verschiedene Prinzipien mit Inhalt gefüllt wird:

–   Grundsätzlich muss eine Buchführung so beschaffen sein, dass sie einem Sachverständigen ermöglicht, sich in angemessener Zeit einen Überblick über die Geschäftsvorfälle und über die Lage des Unternehmens zu verschaffen.

–   Die Geschäftsvorfälle müssen sich in ihrer Entstehung und Abwicklung verfolgen lassen.

–   Bei der Buchführung und den sonst erforderlichen Aufzeichnungen muss sich der Kaufmann einer lebenden Sprache bedienen.

–   Buchungen und sonstige Aufzeichnungen sind vollständig, richtig, zeitgerecht und geordnet vorzunehmen.

–   Buchungen und sonstige Aufzeichnungen dürfen nicht in einer Weise verändert werden, dass der ursprüngliche Inhalt nicht mehr feststellbar ist.

Hinweise auf Grundsätze ordnungsmäßiger Buchführung finden sich auch in R 5.2 EStR 2008.

Mit der Neufassung des HGB durch das BilMoG sind nachstehende Bilanzierungsgrundsätze nochmals deutlicher formuliert worden:

Vollständigkeitsgebot:
Nach § 246 Abs. 1 Satz 2 HGB wird nunmehr auch handelsrechtlich allgemein die Zurechnung von Vermögensgegenständen beim wirtschaftlichen Eigentümer im Gesetz normiert. Diese Neuregelung im HGB stellt nach der Regierungsbegründung allerdings lediglich eine Klarstellung gegenüber der bisherigen Rechtslage dar.

Auch steuerrechtlich gilt für den Ansatz eines Wirtschaftsgutes gem. § 39 AO das wirtschaftliche Eigentum als maßgebendes Zurechnungskriterium. Danach erfolgt die Zurechnung abweichend vom Zivilrecht, wenn der wirtschaftliche Eigentümer die tatsächliche Herrschaft über ein Wirtschaftsgut in der Weise ausüben kann, dass er den zivilrechtlichen Eigentümer für die gewöhnliche Nutzungsdauer von der Einwirkung auf das Wirtschaftsgut ausschließen kann.

Saldierungsgebot:

Nach § 246 Abs. 2 Satz 2 HGB wird das bisher bestehende Saldierungsverbot insofern aufgeweicht, als Vermögensgegenstände, die dem Zugriff aller übrigen Gläubiger entzogen sind und ausschließlich der Erfüllung von Schulden aus Altersversorgungsverpflichtungen oder vergleichbarer langfristig fälliger Verbindlichkeiten dienen, nicht auf der Aktivseite der Bilanz anzusetzen, sondern mit den Schulden zu verrechnen sind.

Gemeint ist damit insbesondere Planvermögen im Zusammenhang mit Pensions- und ähnlichen Verpflichtungen, wobei eine Bewertung gem. § 253 Abs. 1 Satz 4 HGB mit dem beizulegenden Zeitwert erfolgen muss. Übersteigt der Wert des Vermögens die Schulden, ist ein aktiver Ausweis unter der Position „Aktiver Unterschiedsbetrag aus der Vermögensverrechnung" in der Bilanz auszuweisen.

Dies gilt jedoch nicht für die Steuerbilanz. Dort ist gem. § 5 Abs. 1a EStG ausdrücklich ein Saldierungsverbot normiert worden, wonach Posten der Aktivseite nicht mit Posten der Passivseite verrechnet werden dürfen. Damit wird es eine weitere Abweichung zwischen der Bilanzierung in HB und StB geben.

Stetigkeitsgebot:

Schließlich wird in § 246 Abs. 3 HGB klargestellt, dass für die Anwendung der Ansatzmethoden das Stetigkeitsgebot zwingend zu beachten ist, mit der Folge, dass die für den vorhergehenden Jahresabschluss angewandten Ansatzmethoden beizubehalten sind.

Bildung von Bewertungseinheiten:

Nach § 254 HGB dürfen Vermögensgegenstände, Schulden, schwebende Geschäfte oder mit hoher Wahrscheinlichkeit erwartete Transaktionen zum Ausgleich gegenläufiger Wertänderungen oder Zahlungsströme aus dem Eintritt vergleichbarer Risiken mit Finanzinstrumenten zusammengefasst werden (Bewertungseinheit).

In der Folge sind § 249 Abs. 1, § 252 Abs. 1 Nr. 3 und 4, § 253 Abs. 1 Satz 1 und § 256a HGB in dem Umfang und für den Zeitraum nicht anzuwenden, in dem die gegenläufigen Wertänderungen oder Zahlungsströme sich ausgleichen.

Nach § 5 Abs. 1a Satz 2 EStG sind die Ergebnisse der in der handelsrechtlichen Rechnungslegung zur Absicherung finanzwirtschaftlicher Risiken gebildeten Bewertungseinheiten auch für die steuerliche Gewinnermittlung maßgeblich.

4.   Grundsätze ordnungsmäßiger DV-gestützter Buchführungssysteme (GoBS)

Hierbei handelt es sich um besondere Regelungen für EDV-Buchführungen, die aus den allgemeinen GoB abgeleitet sind. Offene-Posten-Buchführungen sowie EDV-Buchführungen sind als besondere Buchführungsformen handels- und steuerrechtlich ausdrücklich zugelassen, wenn sie selbst und die dabei angewandten Verfahren den GoB entsprechen (vgl. § 239 Abs. 4 HGB, § 146 Abs. 5 AO).

Die GoBS wurden mit BMF-Schreiben vom 7.11.1995 (BStBl 1995 I S. 738) veröffentlicht und in der Zwischenzeit durch eine Vielzahl von Verwaltungsanweisungen ergänzt.

Bei EDV-gestützten Buchführungssystemen und bei Speicherung der sonstigen Aufzeichnungen auf Datenträgern (Festplatte, CD-ROM, Magnetband, Diskette, etc.) muss insbesondere sichergestellt sein, dass diese Daten während der Dauer der Aufbewahrungsfrist verfügbar sind und jederzeit innerhalb angemessener Frist lesbar gemacht werden können.

5. Erstellung und Aufbewahrung elektronischer Aufzeichnungen im Ausland

5.1 Allgemeine Grundsätze

Nach dem Grundsatz des § 146 Abs. 2 AO sind Bücher und die sonst erforderlichen Aufzeichnungen im Geltungsbereich dieses Gesetzes zu führen und aufzubewahren.

Davon abweichend kann die zuständige Finanzbehörde nach § 146 Abs. 2a AO auf schriftlichen Antrag des Stpfl. hin bewilligen, dass elektronische Bücher und sonstige erforderliche elektronische Aufzeichnungen oder Teile davon außerhalb des Geltungsbereichs dieses Gesetzes geführt und aufbewahrt werden können.

Dafür gelten nachstehende Voraussetzungen:

– der Stpfl. muss der zuständigen Finanzbehörde den Standort des Datenverarbeitungssystems und bei Beauftragung eines Dritten dessen Namen und Anschrift mitteilen;

– der Stpfl. muss seinen sich aus den §§ 90, 93, 97, 140 bis 147 und 200 Abs. 1 und 2 AO ergebenden Pflichten ordnungsgemäß nachgekommen sein;

– der Datenzugriff muss nach § 147 Abs. 6 AO in vollem Umfang möglich sein;

– die Besteuerung darf hierdurch nicht beeinträchtigt werden.

5.2 Umfang der Verlagerung

In der Praxis stellt sich häufig die Frage des Umfangs der Verlagerung der Buchführung ins Ausland. In diesem Zusammenhang wird auf folgende Besonderheiten hingewiesen:

– Lediglich die elektronischen Bücher oder sonstige erforderliche elektronische Aufzeichnungen dürfen in das Ausland verlagert werden;

– Papierunterlagen sind weiterhin im Inland aufzubewahren,

– der schriftliche Antrag muss eine detaillierte Beschreibung der für die Verlagerung vorgesehenen Bücher und sonstigen erforderlichen Auszeichnungen enthalten;

– die Genehmigung durch die Finanzbehörde kann mit Auflagen erteilt werden, beispielsweise

- Sicherstellen seitens der Stpfl., dass die Erfassung und Kontierung der Belege im Inland durch im deutschen Bilanz- und Steuerrecht fachkundiges Personal erfolgt und der Stpfl. vom Inland aus die Einhaltung der GoB bzw. GoBS überwacht (vgl. hierzu: Tipke-Kruse, Kommentar zur AO, Tz. 31 zu § 146 AO)

- Sicherstellen des Vorhandenseins von deutschsprachigen Ansprechpartnern für das Besteuerungsverfahren

- Aufbewahren der Datenerfassungsprotokolle (Primanoten), Journale, Bücher, Buchführungskonten, Jahresabschlüsse und aller sonstigen zum Verständnis der Buchführung erforderlichen Unterlagen, insbesondere EDV-Programmdokumentationen im Inland

- Gewährleistung der Einhaltung der formalen Ordnungskriterien des § 146 Abs. 1 Satz 1 AO sowie der übrigen abgabenrechtlichen Vorschriften zur Führung von Büchern und Aufzeichnungen (§§ 140–147 AO)

- Sicherstellen des Datenzugriffs i. S. d. § 147 Abs. 6 AO (Zugriffsarten Z1-Z3) in vollem Umfang

- Einreichen der Steuererklärungen, Bilanzen, Gewinn- und Verlustrechnungen sowie diesbezügliche Erläuterungen in deutscher Sprache

- Aufbewahren der Handbücher zu den verwendeten Buchhaltungsprogrammen in deutscher Sprache im Inland

- Kurzfristige Übersetzung bei Vorlage von Unterlagen, die nicht in deutscher Sprache abgefasst sind, auf Verlangen der Finanzbehörde durch den Stpfl., § 87 AO. Dies gilt auch für die Grundaufzeichnungen im Rahmen der Buchführung, § 146 Abs. 3 Satz 2 AO.

5.3   Sanktionsklausel

Werden der Finanzbehörde Umstände bekannt, die zu einer Beeinträchtigung der Besteuerung führen, hat sie die Bewilligung zu widerrufen und die unverzügliche Rückverlagerung der elektronischen Bücher und sonstigen erforderlichen elektronischen Aufzeichnungen in den Geltungsbereich dieses Gesetzes zu verlangen.

Kommt der Stpfl. der Aufforderung zur Rückverlagerung seiner elektronischen Buchführung innerhalb einer ihm bestimmten angemessenen Frist nach Bekanntgabe durch die zuständige Finanzbehörde nicht nach oder hat er seine elektronische

Buchführung ohne Bewilligung der zuständigen Finanzbehörde ins Ausland verlagert, kann ein Verzögerungsgeld von 2.500 € bis 250.000 € festgesetzt werden. Mit dieser Regelung – die auch bei Verletzung der sonstigen Mitwirkungspflichten im Rahmen einer Außenprüfung anzuwenden ist – wurde der Finanzverwaltung erstmals ein wirksames Instrument an die Hand gegeben, um fehlender oder unzureichender Mitwirkung durch die Stpfl. entgegen zu treten (§ 146 Abs. 2b AO).

6. Gewinnermittlungsarten im Steuerrecht

6.1 Betriebsvermögensvergleich

6.1.1 Gewerbetreibende

Bei Gewerbetreibenden, die auf Grund gesetzlicher Vorschriften verpflichtet sind, Bücher zu führen und regelmäßig Abschlüsse zu machen, oder die ohne eine solche Verpflichtung Bücher führen und regelmäßig Abschlüsse machen, ist für den Schluss des Wirtschaftsjahres das Betriebsvermögen anzusetzen (§ 4 Abs. 1 Satz 1 EStG), das nach den handelsrechtlichen Grundsätzen ordnungsmäßiger Buchführung auszuweisen ist (§ 5 Abs. 1 EStG).

Dabei sind die Besonderheiten des § 5 Abs. 1a bis 6 EStG zu beachten.

6.1.2 Land- und Forstwirte, Freiberufler

Land- und Forstwirte sowie Freiberufler ermitteln ihren Gewinn nach § 4 Abs. 1 EStG, wenn sie nach den §§ 140, 141 AO verpflichtet sind, Bücher zu führen und jährliche Abschlüsse zu machen (vgl. R 4.1 EStR 2008).

Danach ist Gewinn der Unterschiedsbetrag zwischen dem Betriebsvermögen am Schluss des Wirtschaftsjahres und dem Betriebsvermögen am Schluss des vorangegangenen Wirtschaftsjahres, vermehrt um den Wert der Entnahmen (§ 4 Abs. 1 Satz 2 EStG) und vermindert um den Wert der Einlagen (§ 4 Abs. 1 Satz 8 EStG).

6.2 Einnahmen-Überschuss-Rechnung

6.2.1 Persönlicher Anwendungsbereich

Der Stpfl. kann nach § 4 Abs. 3 EStG als Gewinn den Überschuss der Betriebseinnahmen über die Betriebsausgaben ansetzen, wenn er auf Grund gesetzlicher Vorschriften nicht verpflichtet ist, Bücher zu führen und regelmäßig Abschlüsse zu machen, er dies auch nicht freiwillig tut und sein Gewinn nicht nach Durchschnittssätzen (§ 13a EStG) zu ermitteln ist (vgl. R 4.5 EStR 2008).

Diese Gewinnermittlungsart kommt in der Praxis überwiegend für Freiberufler in Betracht, die nicht freiwillig Bücher führen.

Der BFH hat in seinem Urteil vom 2.3.2006, IV R 32/04 (NV), BFH/NV 2006 S. 1457 zur Frage der Wahl der Gewinnermittlungsart im Jahr der Praxiseröffnung Stellung genommen:

Ein nicht buchführungspflichtiger Freiberufler übt das Wahlrecht im Jahr der Praxiseröffnung für eine Gewinnermittlung durch Einnahmen-Überschuss-Rechnung aus, wenn er nach Form und ausdrücklicher Bezeichnung eine Gewinnermittlung nach § 4 Abs. 3 EStG einreicht und eine zeitnah aufgestellte Eröffnungsbilanz fehlt. Das gilt auch dann, wenn er eine EDV-Buchführung verwendet, die sowohl eine Gewinnermittlung durch Einnahmen-Überschuss-Rechnung als auch durch Betriebsvermögensvergleich ermöglicht und lediglich die Verwechslung einer Kennziffer zum Ausdruck einer Einnahmen-Überschuss-Rechnung geführt hat. Eine zeitnah aufgestellte Eröffnungsbilanz ist – als Voraussetzung der Ausübung des Wahlrechts für eine Gewinnermittlung durch Bestandsvergleich – auch nicht deshalb entbehrlich, weil Aktiva und Passiva mit 0 € zu bewerten wären.

6.2.2 Aufzeichnungs- und Erklärungspflichten

Nach §§ 60 Abs. 4, 84 Abs. 3c EStDV haben Stpfl., die den Gewinn nach § 4 Abs. 3 EStG durch den Überschuss der Betriebseinnahmen über die Betriebsausgaben ermitteln, für Wirtschaftsjahre, die nach dem 31.12.2004 beginnen, ihrer Steuererklärung eine Gewinnermittlung nach amtlich vorgeschriebenem Vordruck beizufügen.

Liegen die Betriebseinnahmen für den Betrieb unter der Grenze von 17.500 Euro, wird es nicht beanstandet, wenn an Stelle dieses Vordrucks der Steuererklärung eine formlose Gewinnermittlung beigefügt wird. Auch in diesen Fällen muss die Ermittlung des Gewinns gleichwohl den gesetzlichen Vorschriften des § 4 Abs. 3 EStG entsprechen (BMF-Schreiben vom 10.2.2005, BStBl 2005 I S. 320 sowie jährliche Bekanntgabe der aktualisierten Vordrucke EÜR, z.B. zuletzt mit BMF-Schreiben vom 23.8.2010, BStBl 2010 I S. 649).

Der BFH hat im Urteil vom 16.11.2011, BStBl 2012 II S. 129, festgestellt, dass § 60 Abs. 4 EStDV eine wirksame Rechtsgrundlage für die Pflicht zur Abgabe der Anlage EÜR darstellt. Die Aufforderung zur Einreichung der Anlage EÜR ist ein anfechtbarer Verwaltungsakt. Weder durch § 60 Abs. 4 EStDV noch durch die Anlage EÜR wird eine neue Form der Gewinnermittlung eingeführt. Die in § 60 Abs. 4 EStDV enthaltene Pflicht zur Beifügung einer Gewinnermittlung nach amtlich vorgeschriebenem Vordruck ist verhältnismäßig; sie ist insbesondere zur Erreichung der verfolgten Zwecke (Gleichmäßigkeit der Besteuerung, Vereinfachung des Besteuerungsverfahrens) geeignet.

Zweites Kapitel: Möglichkeiten der Aufdeckung von Buchführungsfehlern

1. Fehlerarten

In einer Buchführung können einfache und materielle Fehler auftreten.

1.1 Einfache Fehler

1.1.1 Additionsfehler

Bei manuellen Buchführungen können Additionsfehler dadurch vermieden werden, dass die Additionen mehrfach nachgerechnet werden, z.b. einmal von unten nach oben und einmal von oben nach unten.

Im Rahmen einer ordnungsgemäßen EDV-Buchführung sind Additionsfehler grundsätzlich ausgeschlossen. Sie können aber an den Schnittstellen von manuellen Tätigkeiten zur EDV entstehen, z.b. bei der Kontierung eines Buchungsbelegs.

1.1.2 Übertragungsfehler

Bei manuellen Buchführungen können Übertragungsfehler vorkommen, z.B. durch falsche Übertragung von Umsatzzahlen von einer Seite des Journals auf die nächste.

Dies ist bei EDV-Buchführungssystemen mit sachgerechter Programmierung nahezu ausgeschlossen, da grundsätzlich die Salden automatisch übertragen werden.

1.1.3 Zahlendreher (Neunerprobe)

Ein möglicher Fehler kann in der Verwechselung von Zahlen mit gleichen Ziffern, aber unterschiedlicher Ziffernfolge liegen, z. B.

- 89 und 98,
- 18 und 81 odor
- 169 und 196.

Ist somit bei Überprüfung der Soll- und Haben-Buchungen die Differenz z. B.

- 9,
- 63 oder
- 27,

also eine durch 9 teilbare Zahl (Neunerprobe), handelt es sich oftmals um einen einfachen Zahlendreher.

Beispiele:

1. Addition von	100	100	2. Addition von	30	30
	10	10		5	5
	19	**91**		8	8
	10	10		**89**	**98**
	30	30		132	141
	15	15			
	184	256			

Differenz:	72	Differenz:	9
geteilt durch 9	= 8	geteilt durch 9	= 1

1.1.4 Doppelbuchungen

Doppelbuchungen können z. B. dann entstehen, wenn für den gleichen Geschäftsvorfall mehrere Belege vorhanden sind.

Beispiel:

Bei Eingang einer Warenrechnung wird eine Fotokopie gefertigt. Das Original geht in die Wareneingangskontrolle. Da die Rechnung wegen Inanspruchnahme von Skonto unverzüglich bezahlt werden soll, leitet die Posteingangsstelle die Kopie direkt in die Abteilung Finanzbuchhaltung zur Buchung und anschließenden Zahlung.

Nun muss sichergestellt sein, dass das später aus der Wareneingangskontrolle kommende Original nicht nochmals gebucht wird.

Erfolgte trotzdem eine Doppelbuchung, würde diese nur aufgedeckt, wenn das entsprechende Lieferantenkonto – z.B. monatlich – abgestimmt würde. Hierzu kann es sinnvoll sein, insbesondere bei größeren Unternehmen, bei den Lieferanten vor Erstellung des Jahresabschlusses Saldenbestätigungen einzuholen.

1.2 Materielle Fehler

Die meisten Fehler in einer Finanzbuchhaltung liegen im materiellen Bereich, z.B. durch die Benutzung falscher Sachkonten oder die falsche Anwendung des geltenden Rechts.

Solche Fehler sollen im vierten Kapitel dieses Buches dargestellt werden.

2. Prüfungsinstitutionen und deren Aufgaben

Die Finanzbuchhaltung eines Unternehmens wird von zahlreichen Personen und Institutionen mit unterschiedlicher Zielsetzung geprüft, z.B. durch

- Wirtschaftsprüfer und vereidigte Buchprüfer im Rahmen von freiwilligen Prüfungen oder Pflichtprüfungen (nach dem HGB);

- Steuerberater im Rahmen der Erstellung des Jahresabschlusses;

- interne Revisoren anlässlich innerbetrieblich geregelter regelmäßiger oder außerordentlicher Überprüfungen im Auftrag der Geschäftsführung;

- die Zollverwaltung zur Überprüfung zollrechtlich relevanter Sachverhalte;

- die Träger der Sozialversicherung zur Überprüfung der abzuführenden Sozialversicherungsbeiträge des Unternehmens;

- den Bundesrechnungshof oder die Landesrechnungshöfe zur Überprüfung der Verwendung von Steuergeldern bei Unternehmen mit Bundes- und/oder Landesbeteiligungen;

- die Preisprüfungsstelle des Regierungspräsidenten zur Überprüfung von Preisgestaltungen im Rahmen von öffentlichen Aufträgen;

- die Steuerverwaltung.

3. Prüfungen der Steuerverwaltung

Die Steuerverwaltung hat mehrere Möglichkeiten, Finanzbuchhaltungen von Unternehmen zu prüfen. Hierzu bedient sie sich Außenprüfern und Außenprüferinnen.

Der Außenprüfer hat die tatsächlichen und rechtlichen Verhältnisse, die für die Steuerpflicht und für die Bemessung der Steuer maßgebend sind (Besteuerungsgrundlagen) zugunsten wie zuungunsten des Stpfl. zu prüfen (§ 199 Abs. 1 AO).

Hierzu sind in den Finanzämtern verschiedene Sachgebiete eingerichtet:

- Lohnsteuer-Arbeitgeber-Stellen;

- Amtsbetriebsprüfungsstellen;

- Großbetriebsprüfungsstellen;

- landwirtschaftliche Betriebsprüfungsstellen;

- Konzernbetriebsprüfungsstellen.

Die Bundesbetriebsprüfungsstelle beim Bundeszentralamt für Steuern in Bonn unterstützt die Landesbehörden (Art. 108 Abs. 4 GG i.V.m. § 19 Finanzverwaltungsgesetz).

Sowohl die Bezeichnung der Sachgebiete, als auch der Aufbau der jeweiligen Prüfungsstellen kann in den einzelnen Bundesländern voneinander abweichen; teilweise sind bestimmte Abteilungen, wie z.b. die Amts-, Groß- und Konzernbetriebsprüfungsstellen, zu Betriebsprüfungsstellen zusammengefasst.

3.1 Lohnsteuer-Außenprüfungen

Die Lohnsteuer-Arbeitgeber-Stellen prüfen durch Lohnsteuer-Außenprüfer alle mit dem Arbeitsverhältnis zwischen Arbeitgeber (Unternehmer) und Arbeitnehmer im Zusammenhang stehenden, steuerlich relevanten Sachverhalte, insbesondere:

- die einzubehaltende Lohnsteuer;

- die einzubehaltende Kirchensteuer;

- den einzubehaltenden Solidaritätszuschlag;

- Sachbezüge, z.B. Kraftfahrzeuggestellungen zur privaten Nutzung, unentgeltliche oder verbilligte Wohnungsüberlassungen an Arbeitnehmer;

- Werbungskostenersatz, u.a.m.

3.2 Umsatzsteuer-Sonderprüfungen

Umsatzsteuer-Sonderprüfungen werden in der Regel von Außenprüfern der Amtsbetriebsprüfungsstellen durchgeführt.

Hierbei können Umsatzsteuer-Voranmeldungen oder -Jahreserklärungen für einen eingeschränkten Prüfungszeitraum in vollem Umfang überprüft werden. In der Praxis werden jedoch häufig nur Teilbereiche, wie die innergemeinschaftlichen Erwerbe (§ 1a UStG), die steuerfreien Umsätze (§ 4 UStG) oder der Vorsteuerabzug (§ 15 UStG), einer Prüfung unterzogen.

3.3 Umsatzsteuer-Nachschau

Zur Sicherstellung einer gleichmäßigen Festsetzung und Erhebung der Umsatzsteuer können gem. § 27b UStG die damit betrauten Amtsträger der Finanzbehörde ohne vorherige Ankündigung und außerhalb einer Außenprüfung Grundstücke und Räume von Personen, die eine gewerbliche oder berufliche Tätigkeit selbständig ausüben, während der Geschäfts- und Arbeitszeiten betreten, um Sachverhalte festzustellen, die für die Besteuerung erheblich sein können (Umsatzsteuer-Nachschau).

Soweit dies zur Feststellung einer steuerlichen Erheblichkeit zweckdienlich ist, haben die von der Umsatzsteuer-Nachschau betroffenen Personen den damit betrauten Amtsträgern auf Verlangen Aufzeichnungen, Bücher, Geschäftspapiere und andere

Urkunden über die der Umsatzsteuer-Nachschau unterliegenden Sachverhalte vorzulegen und Auskünfte zu erteilen.

3.4 Allgemeine Außenprüfungen / Betriebsprüfungen

Die wichtigste und umfassendste Prüfungsmaßnahme der Steuerverwaltung ist die allgemeine Außenprüfung / Bp i.S.d. vierten Abschnitts der Abgabenordnung (§§ 193 ff. AO).

3.5 Zeitnahe Betriebsprüfungen

Eine allgemeine Außenprüfung kann in Form einer zeitnahen Prüfung gem. § 4a BpO durchgeführt werden. Eine Bp ist zeitnah, wenn der Prüfungszeitraum einen oder mehrere gegenwartsnahe Besteuerungszeiträume umfasst. Grundlage zeitnaher Bp sind die Steuererklärungen i.S.d. § 150 AO der zu prüfenden Besteuerungszeiträume. Über das Ergebnis der zeitnahen Bp ist ein Prüfungsbericht oder eine Mitteilung über die ergebnislose Prüfung anzufertigen (§ 202 AO). Die Regelung des § 4a BpO ist erstmals für Außenprüfungen anzuwenden, die nach dem 1. 1. 2012 angeordnet werden.

Vorteile der zeitnahen Prüfungen liegen für die Stpfl. in erster Linie in der frühzeitigen Rechtssicherheit, für die Finanzverwaltung aufgrund der zeitlichen Nähe zu den Sachverhalten in der verbesserten und vereinfachten Mitwirkung seitens der Stpfl.

3.6 Zulässigkeit

Eine Außenprüfung ist zulässig bei Stpfl., die einen gewerblichen oder land- und forstwirtschaftlichen Betrieb unterhalten, die freiberuflich tätig sind und bei Stpfl. i.S.d. § 147a AO (§ 193 Abs. 1 AO).

Bei anderen als den in Abs. 1 des § 193 AO bezeichneten Stpfl. ist eine Außenprüfung zulässig,

1. soweit sie die Verpflichtung dieser Stpfl. betrifft, für Rechnung eines anderen Steuern zu entrichten oder Steuern einzubehalten und abzuführen oder

2. wenn die für die Besteuerung erheblichen Verhältnisse der Aufklärung bedürfen und eine Prüfung an Amtsstelle nach Art und Umfang des zu prüfenden Sachverhalts nicht zweckmäßig ist oder

3. wenn ein Stpfl. seinen Mitwirkungspflichten nach § 90 Abs. 2 Satz 3 AO nicht nachkommt.

3.7   Prüfungsanordnung

Die Finanzbehörde bestimmt den Umfang der Außenprüfung in einer schriftlich zu erteilenden Prüfungsanordnung (§ 196 AO).

Die Prüfungsanordnung enthält

– die zu prüfenden Steuerarten (sachlicher Prüfungsumfang) und

– den Prüfungszeitraum (zeitlicher Prüfungsumfang).

Nach § 197 AO enthält die Prüfungsanordnung darüber hinaus den voraussichtlichen Prüfungsbeginn und die Namen der Prüfer.

Außerdem bestimmt die Prüfungsanordnung den Ort der Außenprüfung (§ 200 Abs. 2 AO) und enthält eine Rechtsbehelfsbelehrung sowie die Rechtsgrundlagen der Prüfung (§ 5 BpO).

3.8   Mitwirkungspflichten

3.8.1 Allgemeine Mitwirkungspflichten

Um einen reibungslosen Ablauf der Prüfung zu gewährleisten, sind die betroffenen Stpfl. zur Mitwirkung verpflichtet. Hierzu gehört zunächst, dass dem Prüfer zur Durchführung der Außenprüfung ein geeigneter Raum oder Arbeitsplatz sowie die erforderlichen Hilfsmittel unentgeltlich zur Verfügung gestellt werden (§ 200 Abs. 2 AO).

Darüber hinaus sind alle benötigten Aufzeichnungen, Bücher, Geschäftspapiere und die sonstigen Unterlagen vorzulegen sowie die erbetenen Auskünfte zu erteilen.

Wenn Unterlagen und sonstige Aufzeichnungen mit Hilfe eines Datenverarbeitungssystems erstellt worden sind, darf der Prüfer auf diese Daten zugreifen (§ 147 Abs. 6 AO). Dazu sind die dafür erforderlichen Geräte und sonstigen Hilfsmittel zur Verfügung zu stellen. Dies umfasst auch die Einweisung in das System und die Bereitstellung von fachkundigem Personal zur Auswertung der Daten. Auf Anforderung sind dem Prüfer die Daten auf Datenträgern für Prüfungszwecke zu übergeben.

3.8.2 Besondere Mitwirkungspflichten

Stpfl. haben bei der Ermittlung von Sachverhalten, die sich außerhalb des Geltungsbereichs der deutschen Gesetze zugetragen haben, eine erhöhte Mitwirkungspflicht, da die deutschen Finanzbehörden nicht unmittelbar im Ausland ermitteln können. Sie haben insbesondere die erforderlichen Beweismittel zu beschaffen und dabei alle für sie bestehenden rechtlichen und tatsächlichen Möglichkeiten auszuschöpfen.

Unterhält ein Stpfl. Geschäftsbeziehungen mit nahe stehenden Personen i.S.d. § 1 Abs. 2 AStG, so hat er gem. § 90 Abs. 3 AO über die Art und den Inhalt dieser Geschäftsbeziehungen besondere Aufzeichnungen zu erstellen, die sowohl die wirtschaftlichen und rechtlichen Grundlagen der getroffenen Vereinbarungen, als auch die Dokumentation des Fremdvergleichs der Verrechnungspreise umfassen müssen.

Die Vorlage dieser Aufzeichnungen soll durch die Finanzbehörde im Regelfall nur im Rahmen einer Außenprüfung verlangt werden. Sie hat jeweils auf Anforderung innerhalb einer Frist von 60 Tagen, bei außergewöhnlichen Geschäftsvorfällen innerhalb einer Frist von 30 Tagen zu erfolgen.

Präzise Regelungen hinsichtlich der Art, des Inhalts und Umfangs der zu erstellenden Aufzeichnungen ergeben sich aus der Verordnung zu Art, Inhalt und Umfang von Aufzeichnungen i.S.d. § 90 Abs. 3 AO – Gewinnabgrenzungsaufzeichnungsverordnung (GAufzV – BGBl 2003 I S. 2296, zuletzt geändert durch Unternehmenssteuerreformgesetz 2008 vom 14.8.2007, BGBl 2007 I S. 1912).

3.8.3 Verzögerungsgeld

Durch das Jahressteuergesetz 2009 wurde mit der Vorschrift des § 146 Abs. 2b AO die gesetzliche Grundlage für die Festsetzung eines Verzögerungsgeldes geschaffen. Hierbei handelt es sich um eine neue Sanktionsmöglichkeit der Finanzverwaltung, um im Rahmen von Außenprüfungen fehlender oder mangelnder Mitwirkung der Stpfl. zu begegnen.

Die Festsetzung eines Verzögerungsgeldes kommt einerseits dann in Betracht, wenn ein Stpfl. gegen seine Pflichten im Zusammenhang mit der Verlagerung der elektronischen Buchführung ins Ausland verstößt.

Andererseits kann die Festsetzung eines Verzögerungsgeldes aber auch dann erfolgen, wenn ein Stpfl. seine Mitwirkungspflichten im Rahmen einer steuerlichen Außenprüfung nicht oder nur unzureichend erfüllt.

In diesen Fällen kann die Finanzverwaltung nach pflichtgemäßem Ermessen ein Verzögerungsgeld zwischen 2.500 € und 250.000 € festsetzen.

3.9 Prüfungsdurchführung – Datenzugriff

3.9.1 Allgemeine Grundsätze

§ 147 Abs. 6 AO räumt der Finanzbehörde seit 2002 das Recht ein, die mit Hilfe eines Datenverarbeitungssystems erstellte Buchführung des Stpfl. durch Datenzugriff zu prüfen (Steuersenkungsgesetz vom 23.10.2000, BGBl 2000 I S. 1433). Diese Prüfungsmethode tritt neben die Möglichkeit der herkömmlichen Prüfung. Das Recht auf Datenzugriff steht der Finanzbehörde nur im Rahmen steuerlicher Außenprüfungen zu. Die Einführung dieser neuen Prüfungsmethode soll zugleich rationellere und zeitnähere Außenprüfungen ermöglichen.

3.9.2 Umfang des Datenzugriffs

Das Recht auf Datenzugriff beschränkt sich ausschließlich auf Daten, die für die Besteuerung von Bedeutung sind (steuerlich relevante Daten), z.B.:

– Finanzbuchhaltung;

– Anlagenbuchhaltung;

– Lohnbuchhaltung.

Der BFH hat sich in jüngerer Vergangenheit gleich in mehreren Urteilen mit der Frage beschäftigt, wie weit das Recht der Finanzverwaltung auf Zugriff steuerlich relevanter Daten reicht.

Nach dem Urteil vom 26.9.2007 (I B 53, 54/07; BStBl 2008 II S. 415) ist der Stpfl. gehalten, der Außenprüfung im Original in Papierform erstellte und später durch Scannen digitalisierte Ein- und Ausgangsrechnungen über sein Computersystem per Bildschirm lesbar zu machen. Er kann diese Verpflichtung nicht durch das Angebot des Ausdruckens auf Papier abwenden. Der Stpfl. ist nicht berechtigt, gegenüber der Außenprüfung bestimmte Einzelkonten (hier: Drohverlustrückstellungen, nicht abziehbare Betriebsausgaben, organschaftliche Steuerumlagen) zu sperren, die aus seiner Sicht nur das handelsrechtliche Ergebnis, nicht aber die steuerliche Bemessungsgrundlage beeinflusst haben.

Im Urteil vom 9.2.2011 (I B 151/10 (NV) – BFH/NV 2011 S. 962) hat sich der BFH mit der Frage der Zulässigkeit eines Lesezugriffs auf ein betriebliches Dokumentenmanagementsystem beschäftigt. Nach Auffassung des Gerichts ist es nicht i.S.d. § 115 Abs. 2 Nr. 1 FGO klärungsbedürftig, dass „nicht für Buchhaltungszwecke unterhaltene EDV-Systeme (Datenmanagementsysteme) als Datenverarbeitungssysteme i.S.d. AO anzusehen sind und dass das „Digitalisieren, Scannen und Speichern von papierenen Eingangsrechnungen" als „Erstellen von Unterlagen mittels eines Datenverarbeitungssystems" i.S.d. § 147 Abs. 6 Satz 1 AO tatbestandsmäßig ist.

3.9.3 Arten des Datenzugriffs

Bei der Ausübung des Rechts auf Datenzugriff stehen der Finanzbehörde nach dem Gesetz drei Möglichkeiten zur Verfügung:

3.9.3.1 Unmittelbarer Datenzugriff

Die Finanzbehörde hat das Recht, selbst unmittelbar auf das Datenverarbeitungs- system dergestalt zuzugreifen, dass sie in Form des Nur-Lesezugriffs Einsicht in die gespeicherten Daten nimmt und die vom Stpfl. oder von einem beauftragten Dritten eingesetzte Hard- und Software zur Prüfung der gespeicherten Daten einschließlich der Stammdaten und Verknüpfungen (Daten) nutzt. Dabei darf sie nur mit Hilfe die- ser Hard- und Software auf die elektronisch gespeicherten Daten zugreifen. Der Nur- Lesezugriff umfasst das Lesen, Filtern und Sortieren der Daten gegebenenfalls unter Nutzung der im Datenverarbeitungssystem vorhandenen Auswertungsmöglichkeiten.

3.9.3.2 Mittelbarer Datenzugriff

Die Behörde kann vom Stpfl. auch verlangen, dass er an ihrer Stelle die Daten nach ihren Vorgaben maschinell auswertet oder von einem beauftragten Dritten maschinell auswerten lässt, um den Nur-Lesezugriff durchführen zu können (mittelbarer Daten- zugriff). Es kann nur eine maschinelle Auswertung unter Verwendung der im Daten- verarbeitungssystem des Stpfl. oder des beauftragten Dritten vorhandenen Auswer- tungsmöglichkeiten verlangt werden.

3.9.3.3 Datenträgerüberlassung

Schließlich kann die Finanzbehörde verlangen, dass ihr die gespeicherten Unterla- gen auf einem maschinell verwertbaren Datenträger zur Auswertung (z.B. mit IDEA) überlassen werden (Datenträgerüberlassung). Der zur Auswertung überlassene Da- tenträger ist spätestens nach Bestandskraft der aufgrund der Außenprüfung ergan- genen Bescheide an den Stpfl. zurückzugeben oder zu löschen.

3.10 Prüfungsbericht (Bp-Bericht)

Über das Ergebnis der Außenprüfung ergeht ein schriftlicher Bericht (Prüfungsbe- richt/Bp-Bericht). Im Prüfungsbericht sind die für die Besteuerung erheblichen Prü- fungsfeststellungen in tatsächlicher und rechtlicher Hinsicht sowie die Änderungen der Besteuerungsgrundlagen darzustellen (§ 202 Abs. 1 AO).

Im Rahmen des Prüfungsberichts einer allgemeinen Außenprüfung erstellt der Prüfer auch eine Mehr- und Weniger-Rechnung.

Drittes Kapitel: Die Mehr- und Weniger-Rechnung

1.   Funktion im Rahmen des Bp-Berichts

1.1   Gewinnermittlung durch Betriebsvermögensvergleich

Im Rahmen eines Bp-Berichts erstellt der Prüfer i.d.R. eine Mehr- und Weniger-Rechnung. Darin werden die Änderungen von Bilanzposten, Privatentnahmen und -einlagen und ihre Auswirkungen auf die Betriebsergebnisse der geprüften Wirtschaftsjahre ausgewiesen.

Dabei ist besonders die Zweischneidigkeit der Bilanz zu beachten. Das bedeutet, dass die Erhöhung einer aktiven Bilanzposition durch die Bp in einem Wirtschaftsjahr, und damit die Erhöhung des Betriebsergebnisses, im Folgejahr zu einer Minderung des Betriebsergebnisses führt und umgekehrt. Entsprechendes gilt für Änderungen von passiven Bilanzposten. Privatentnahmen und -einlagen wirken sich demgegenüber nur im Jahr ihres Entstehens aus.

Die Betriebsergebnisse sind eine der Grundlagen für die durch das Finanzamt festzusetzenden Steuern.

1.2   Gewinnermittlung durch Einnahmen-Überschuss-Rechnung

Bei einer Bp von Einnahmen-Überschuss-Rechnern ist die Erstellung einer Mehr- und Weniger-Rechnung nicht erforderlich. Sämtliche Änderungen der Bp werden dem bisherigen Überschuss hinzu- bzw. abgerechnet. Bilanzen sind nicht vorhanden, so dass es auch nicht notwendig ist, die Zweischneidigkeit der Bilanz zu beachten.

2.   Methoden der Mehr- und Weniger-Rechnung

Die Mehr- und Weniger-Rechnung kann auf zwei Arten erfolgen:

- Bilanzposten-Methode
- Aufwands-Ertrags-Methode.

Beide Methoden führen bei gleichen Sachverhalten zum gleichen Ergebnis.

2.1   Bilanzposten-Methode

Bei der Bilanzposten-Methode werden durch den Prüfer Aktiva, Passiva, Privatentnahmen und Privateinlagen vor und nach der Bp an den einzelnen Bilanzstichtagen miteinander verglichen.

Die Veränderungen wirken sich auf das Betriebsergebnis (hier: Gewinn) wie folgt aus:

	Mehr 1.–4.	Weniger 1.–4.
1. Aktiva	Mehr Gewinn	Weniger Gewinn
2. Passiva	Weniger Gewinn	Mehr Gewinn
3. Privatentnahmen	Mehr Gewinn	Weniger Gewinn
4. Privateinlagen	Weniger Gewinn	Mehr Gewinn

2.2   Aufwands-Ertrags-Methode (Gewinn- und Verlust-Methode)

Die Aufwands-Ertrags-Methode der Mehr- und Weniger-Rechnung untersucht hingegen die Auswirkungen der festgestellten Änderungen durch die Bp hinsichtlich Aufwand oder Ertrag in der Gewinn- und Verlustrechnung:

	Mehr 1.–2.	Weniger 1.–2.
1. Aufwand	Weniger Gewinn	Mehr Gewinn
2. Ertrag	Mehr Gewinn	Weniger Gewinn

2.3   Beispiel

2.3.1   Sachverhalte (Zeitraum 2009–2011)

–   Im Jahr 2009 als sofort abzugsfähig gebuchte Aufwendungen für Maschinen i.H.v. 100.000 € werden durch die Bp aktiviert und auf 10 Jahre abgeschrieben,

- die Gewerbesteuer-Rückstellung ist in der HB/StB 2011 um 10.000 € zu hoch passiviert,

- die private Kraftfahrzeug-Nutzung wird durch die Bp um jährlich 4.000 € netto erhöht,

- die Umsatzsteuer-Nachzahlung lt. Prüfung wird passiviert,

- die Gewerbesteuer-Nachzahlung lt. Bp wird auf Antrag des Unternehmens bilanziert.

2.3.2 Bilanzposten-Methode

Die obigen Sachverhalte stellen sich in der Mehr- und Weniger-Rechnung nach der Bilanzposten-Methode wie folgt dar:

Bilanzposten	2009 +	2009 ./.	2010 +	2010 ./.	2011 +	2011 ./.
Nachaktivierung Maschinen	100.000		90.000	100.000	80.000	90.000
Gewerbesteuer-Rückstellung lt. HB/StB					10.000	
Entnahmen private Kfz-Nutzung	4.760		4.760		4.760	
USt lt. Bp		760	760	1.520	1.520	2.280
GewSt-Rückstellung lt. Bp (geschätzt)		15.600	15.600	15.600	15.600	15.600
			900		900	900
						600
	104.760	16.360	112.020	117.120	112.780	109.38
	16.360			112.020	109.380	0
Änderungen lt. Bp	88.400			5.100	3.400	
Gewinn lt. HB	100.000		50.000		80.000	
Gewinn lt. PB	188.400		44.900		83.400	

2.3.3 Aufwands-Ertrags-Methode

In der Mehr- und Weniger-Rechnung nach der Aufwands-Ertrags-Methode werden folgende GuV-Positionen angesprochen:

GuV-Position	2009 +	2009 ./.	2010 +	2010 ./.	2011 +	2011 ./.
a) Reparaturen Maschinen	100.000			10.000		10.000
Gewerbesteu-					10.000	
Erträge aus privater	4.000		4.000		4.000	
Gewerbesteu-eraufwand		15.600	900			600
	104.000	15.600	4.900	10.000	14.000	10.600
	15.600		4.900		10.600	
Änderungen lt. Bp	88.400			5.100	3.400	
	100.000		50.000		80.000	
Gewinn lt. PB	188.400		44.900		83.400	

Viertes Kapitel: Buchführungsfehler und deren Richtigstellung- durch eine Betriebsprüfung

Bei den nachfolgenden Sachverhalten ist davon auszugehen, dass sämtliche Steuerveranlagungen sowie gesonderte und einheitliche Feststellungen (§ 180 AO) unter dem Vorbehalt der Nachprüfung (§ 164 Abs. 1 AO) ergangen sind. Sie können daher – vorbehaltlich noch nicht eingetretener Verjährung – aufgrund von Feststellungen der Bp geändert werden (§ 164 Abs. 2 AO).

1. Einzelunternehmen mit Gewinnermittlung nach § 5 EStG

1.1 Anschaffung ERP-Software

Der Unternehmer Udo Keller erwirbt am 1.4.2010 von einem Softwarehersteller ein sog. ERP-Softwaresystem (Enterprise Resource Planning Software). Dieses Softwaresystem besteht aus mehreren Modulen zur Abwicklung des betrieblichen Rechnungswesens, der Kostenrechnung sowie der Personal- und Materialwirtschaft.

Die Anschaffungskosten von 90.000 € werden aktiviert und auf 3 Jahre abgeschrieben. Die Kosten für das Customizing (Einrichtung der Software für die besonderen betrieblichen Belange) i.H.v. 120.000 € sowie die Aufwendungen für die Schulung der Mitarbeiter i.H.v. 30.000 € wurden als sofort abziehbare Betriebsausgaben behandelt.

Buchungssätze:

in 2010:

(1)	Software	90.000			
	Fremdleistungen	150.000	an	Sonstige Verbindlichkeiten	240.000
(2)	AfA	30.000	an	Software	30.000

in 2011:

(3)	AfA	30.000	an	Software	30.000

Buchung auf Konten:

S	Software		H
(1)	90.000	30.000	(2)
		30.000	(3)

S	Sonst. Verbindlichkeiten	H
	240.000	(1)

S	AfA	H
(2)	30.000	
(3)	30.000	

S	Fremdleistungen	H
(1)	150.000	

Feststellungen der Bp:

Die vom Unternehmer Udo Keller erworbene ERP-Software ist als ein abnutzbares immaterielles Wirtschaftsgut des Anlagevermögens anzusehen (§ 6 Abs. 1 Nr. 1 EStG). Das Aktivierungsverbot des § 5 Abs. 2 EStG gilt nicht, da es sich nicht um ein selbst geschaffenes immaterielles Wirtschaftsgut handelt.

Die Anschaffungskosten setzen sich im vorliegenden Falle zusammen aus den Anschaffungskosten für das eigentliche Softwaresystem (Lizenz) sowie den Aufwendungen für das Customizing, da diese Kosten entstanden sind, um das Wirtschaftsgut in einen für den Betrieb funktionsfähigen Zustand zu versetzen. Nicht dazu gehören die Aufwendungen für die Schulung der Mitarbeiter.

Die Anschaffungskosten von somit insgesamt 210.000 € sind zu aktivieren und auf eine Nutzungsdauer von 5 Jahren abzuschreiben. Die AfA im Jahr der Anschaffung ist nur zeitanteilig zu berechnen:

AfA 2010:	210.000	x 20%	x 9/12	31.500
AfA 2011:	210.000	x 20%		42.000

Hinweis auf BMF-Schreiben vom 18.11.2005, BStBl 2005 I S. 1025.

Änderungen durch die Bp:

Bilanzposten Software	vor Bp	nach Bp	mehr	Gewinn
31.12.2010	60.000	178.500	118.500	118.500
31.12.2011	30.000	136.500	106.500	-12.000

1.2 Abschreibung Firmenwert

Der Einzelunternehmer Fleißig hat bei Erwerb eines Betriebs am 2.1.2010 im Rahmen des Gesamtkaufpreises für einen Firmenwert (unstrittig) 120.000 € gezahlt; der Betrieb wird von ihm fortgeführt. Die Aufwendungen hat der Stpfl. bisher auf 5 Jahre abgeschrieben.
Umsatzsteuerlich wurde der Erwerb des Betriebs zutreffend abgewickelt.

Buchungssätze:

in 2010:

(1)	Firmenwert	120.000	an	Bank	120.000
(2)	AfA	24.000	an	Firmenwert	24.000

in 2011:

(3)	AfA	24.000	an	Firmenwert	24.000

Buchung auf Konten:

S	Firmenwert		H
(1)	120.000	24.000	(2)
		24.000	(3)

S	Bank		H
		120.000	(1)

S	AfA		H
(2)	24.000		
(3)	24.000		

Feststellungen der Bp:

Nach dem bisherigen Bilanzrecht bestand für den entgeltlich erworbenen Geschäfts- oder Firmenwert ein Aktivierungswahlrecht. Im Falle der Aktivierung erfolgte die Abschreibung über höchstens vier Jahre oder die planmäßige Nutzungsdauer (§ 255 Abs. 4 HGB a.F.).

Das neue Bilanzrecht (BilMoG) geht ab dem Jahr 2010 von dieser Bilanzierungspraxis ab und behandelt den entgeltlich erworbenen Geschäfts- oder Firmenwert wie einen Vermögensgegenstand, so dass ein Aktivierungsgebot besteht (§ 246 Abs. 1 Satz 4 HGB n.F.).

Ein entgeltlich erworbener Firmenwert unterliegt einem Ansatzgebot und ist der handelsrechtlichen Zugangs- und Folgebewertung nach § 253 HGB zu unterwerfen und durch planmäßige Abschreibungen zu mindern. Die Abschreibung richtet sich nach der voraussichtlichen tatsächlichen Nutzungsdauer. Eine Nutzungsdauer von mehr als 5 Jahren ist im Anhang des Jahresabschlusses anzugeben, § 285 Nr. 13 HGB.

Steuerrechtlich stellt der Firmenwert ein abnutzbares immaterielles Wirtschaftsgut des Anlagevermögens i.S.d. § 6 Abs. 1 Nr. 1 EStG dar, das mit seinen Anschaffungskosten zu aktivieren ist. Da ein entgeltlicher derivativer Erwerb vorliegt, kommt das Aktivierungsverbot nach § 5 Abs. 2 EStG nicht zum Tragen.

Die Anschaffungskosten des Firmenwerts sind auf 15 Jahre abzuschreiben (§ 7 Abs. 1 Satz 3 EStG i.V.m. BMF-Schreiben vom 20.11.1986, BStBl 1986 I S. 532 sowie H 7.1 „Geschäfts-/Firmenwert" EStH 2011, Anh. 9 I EStR). Der AfA-Satz beträgt somit nur 6,67% jährlich.

Abschreibung		
vor Bp	20,00%	24.000
nach Bp	6,67%	8.000
Minderung		16.000

Kontenentwicklung	HB/StB	PB
Zugang 2.1.2010	120.000	120.000
AfA 2010	-24.000	-8.000
Stand 31.12.2010	96.000	112.000
AfA 2011	-24.000	-8.000
Stand 31.12.2011	72.000	104.000

Änderungen durch die Bp.:

Bilanzposten Firmenwert	vor Bp	nach Bp	mehr	Gewinn
31.12.2010	96.000	112.000	16.000	16.000
31.12.2011	72.000	104.000	32.000	16.000

Hinweise zum Praxiswert:

Der bei Freiberuflern aufgedeckte Praxiswert stellt nach der Rechtsprechung des BFH (Urteil vom 24.2.1994, BStBl 1994 II S. 590) ebenfalls ein abnutzbares immaterielles Wirtschaftsgut des Anlagevermögens dar.

Nach der Verwaltungsauffassung (BMF-Schreiben vom 15.1.1995, BStBl 1995 I S. 14) gelten für die Abschreibung folgende Regeln:

Der bei Gründung einer Sozietät aufgedeckte Praxiswert kann auf eine Nutzungsdauer von 6-10 Jahren, der bei Erwerb einer Einzelpraxis erworbene Praxiswert auf einen Zeitraum von 3–5 Jahren abgeschrieben werden (vgl. auch H 7.1 „Praxiswert" EStH 2011).

1.3   Teilwertabschreibung Grund und Boden

Am 1.1.2011 erwirbt der Bauunternehmer Ferdinand Röhrig 10.000 qm Bauerwartungsland für 100.000 €. Damit überstieg der Quadratmeterpreis von 10,00 € den vom Gutachterausschuss zum 1.1.2011 festgestellten Richtwert für Bauerwartungsland in dieser Gegend von 8 € (Mehrpreis: 2 € je Quadratmeter). Röhrig hat dennoch den überhöhten Kaufpreis gezahlt, weil der Acker günstig zum Betrieb gelegen ist und weil er andere Kaufinteressenten überbieten wollte.

Zum 31.12.2011 nimmt Herr Röhrig eine Teilwertabschreibung auf die Anschaffungskosten des Grundstücks von 40.000 € auf 60.000 € vor.

Nach Ansicht des Stpfl. entspreche der Teilwert nunmehr einem Preis von 6,00 €/qm (gem. Gutachterausschuss).

Buchungssätze:

Zugang in 2011:

(1)	Grund und Boden	100.000	an	Bank	100.000

Zum 31.12.2011:

(2)	Teilwert-AfA	40.000	an	Grund und Boden	40.000

Buchung auf Konten:

S	Grund und Boden		H
(1)	100.000	40.000	(2)

S	Bank		H
		100.000	(1)

S	Teilwert-AfA		H
(2)	40.000		

Feststellungen der Bp:

Im Rahmen einer Bp wird die Zulässigkeit der Teilwertabschreibung untersucht. Nach Ansicht der Prüferin Frau Kleinlich sind bei der Gewinnermittlung nach § 4 Abs. 1 EStG für den Grund und Boden die Anschaffungskosten anzusetzen (§ 6 Abs. 1 Nr. 2 Satz 1 EStG). Ist der Teilwert aufgrund einer voraussichtlich dauernden Wertminderung niedriger, so kommt eine Teilwertabschreibung in Betracht (§ 6 Abs. 1 Nr. 2 Satz 2 EStG). Für die Bestimmung des Teilwerts nicht abnutzbarer Wirtschaftsgüter des Anlagevermögens gilt die Vermutung, dass der Teilwert im Zeitpunkt ihres Erwerbs und an den folgenden Bilanzstichtagen den Anschaffungskosten entspricht. Diese Vermutung ist aber durch den Nachweis widerlegbar, dass der Wert des betreffenden Wirtschaftsgutes unter den seinerzeit gezahlten und aktivierten Betrag gesunken ist.

Die Prüferin hat festgestellt, dass Herr Röhrig auf Grund betrieblicher Erwägungen einen Überpreis von 2 €/qm für das fragliche Grundstück gezahlt hat. Dem liegt ein vom Gutachterausschuss zum 1.1.2011 festgestellter Richtwert von 8 €/qm zu Grunde.

Dieser Richtwert ist zum 1.1.2012 auf 6 €/qm festgestellt worden, woraus sich dem Grunde nach eine Teilwertabschreibung rechtfertigt (dauernde Wertminderung).

Der Höhe nach ist die Teilwertabschreibung jedoch nicht in Höhe des vollen Überpreises vorzunehmen. Vielmehr nimmt der Überpreis an der Teilwertabschreibung in dem Verhältnis teil, das dem gegenüber dem Anschaffungszeitpunkt gesunkenen Vergleichswert entspricht (vgl. BFH-Urteile vom 7.2.2002, BStBl 2002 II S. 294 und vom 23.7.2010, BFH/NV 2010 S. 2063):

Wertermittlung je qm	€	v.H.
Richtwert Bauerwartungsland 1.1.2011	8,00	100,00
Überpreis	2,00	25,00
Kaufpreis	10,00	125,00
Richtwert Bauerwartungsland 1.1.2012	6,00	
Zuschlag 25%	1,50	
Wert zum 31.12.2011	7,50	

Somit ergibt sich zum 31.12.2011 ein Grundstückswert von 75.000 €.

Änderungen durch die Bp:

Bilanzposten Grund u. Boden	vor Bp	nach Bp	mehr	Gewinn
31.12.2011	60.000	75.000	15.000	15.000

1.4   Wertaufholung Grund und Boden

Der Einzelunternehmer Clever hatte im Jahr 1995 eine Teilwertabschreibung von 50% der ursprünglichen Anschaffungskosten von umgerechnet 280.000 € auf ein zum Betriebsvermögen gehörendes unbebautes Grundstück vorgenommen, weil nach den damaligen Planungen der Stadt eine Nutzung für die betrieblichen Zwecke nicht möglich gewesen wäre. Die Bp für den Zeitraum 1994-1996 hatte die Teilwertabschreibung nach Vorlage der entsprechenden Unterlagen akzeptiert.

Aufgrund eines im Jahr 2010 geänderten Bebauungsplanes wurden die Beschränkungen aufgehoben, so dass der Stpfl. bereits Ende 2010 mit der Errichtung einer Produktionsanlage auf diesem Grundstück begann. Die im Zusammenhang mit dieser Investition entstandenen Kosten wurden zutreffend gebucht.

Weitere Folgerungen wurden nicht gezogen.

Feststellungen der Bp:

Nach § 6 Abs. 1 Nr. 2 Satz 3 i.V.m. § 6 Abs. 1 Nr. 1 Satz 4 EStG sind die Wirtschaftsgüter des nichtabnutzbaren Anlagevermögens grundsätzlich immer mit den Anschaffungskosten anzusetzen, es sei denn, der Stpfl. weist den niedrigeren Teilwert am Bilanzstichtag nach.

Im vorliegenden Fall sind im Jahr 2010 die Gründe für die Wertminderung des Grund und Bodens entfallen, so dass eine entsprechende Wertaufholung vorzunehmen ist.

Kontenentwicklung	HB/StB	PB
Stand 1.1.2010	140.000	140.000
Wertaufholung	0	140.000
Stand 31.12.2010	140.000	280.000

Änderungen durch die Bp.:

Bilanzposten Grund u. Boden	vor Bp	nach Bp	mehr	Gewinn
31.12.2010	140.000	280.000	140.000	140.000

1.5   Zweiterschließung Grundstück

Der Einzelunternehmer Fröhlich betreibt sein Unternehmen seit Jahren auf dem eigenen Betriebsgrundstück (Buchwert Grund und Boden 80.000 €) in der Hauptstraße 27. Im Rahmen der Erweiterung des Gewerbegebietes wurde auch eine neue Straße gebaut, die an der gegenüberliegenden Seite des Grundstückes vorbeiführt und dem Unternehmer die Möglichkeit einer weiteren Zufahrt bietet. Die Gemeindeverwaltung hat die Erschließungskosten für die neue Straße i.H.v. 15.000 € mit Bescheid vom 18.10.2010 berechnet.

Buchungssatz:

in 2010:

Grundstücksaufwand   15.000   an   Bank   15.000

Buchung auf Konten:

S	Grundstücksaufwand	H
15.000		

S	Bank	H
	15.000	

Feststellungen der Bp:

Anschaffungskosten sind gem. § 255 Abs. 1 Satz 1 HGB die Aufwendungen, die geleistet werden, um einen Vermögensgegenstand zu erwerben und in einen betriebsbereiten Zustand zu versetzen, soweit sie dem Vermögensgegenstand einzeln zugeordnet werden können. Dazu gehören auch die nachträglichen Anschaffungskosten (§ 255 Abs. 1 Satz 2 HGB).

Der Begriff der Anschaffungskosten ist wegen des Einbezugs von Nebenkosten und nachträglichen Anschaffungskosten grundsätzlich umfassend. Er beinhaltet – unter Ausschluss der Gemeinkosten – alle mit dem Anschaffungsvorgang verbundenen Kosten, somit neben der Entrichtung des Kaufpreises alle sonstigen Aufwendungen des Erwerbers, die in einem unmittelbaren wirtschaftlichen Zusammenhang mit der

Anschaffung stehen, insbesondere zwangsläufig im Gefolge der Anschaffung anfallen. Nicht entscheidend ist, ob diese Kosten bereits im Zeitpunkt des Erwerbs oder erst im Anschluss hieran als Folgekosten des Erwerbsvorgangs entstehen. Daher stellen Beiträge zur (erstmaligen) Erschließung eines Grundstücks grundsätzlich (nachträgliche) Anschaffungskosten dar.

Allerdings können „Anschaffungs"-kosten eines Wirtschaftsguts nur solche Kosten sein, die nach wirtschaftlichen Gesichtspunkten dessen Beschaffung tatsächlich zuzuordnen sind. Hierzu ist ein bloßer kausaler oder zeitlicher Zusammenhang mit der Anschaffung nicht ausreichend. Vielmehr kommt es auf die Zweckbestimmung der Aufwendungen an („finaler Begriff" der Anschaffungskosten).
Dieser Zweck muss – aus der Sicht des Bilanzierenden —auf die beabsichtigte Funktion und Eigenschaft („angestrebter Erfolg und betriebsbereiter Zustand") des angeschafften Wirtschaftsguts als Teil des Betriebsvermögens gerichtet sein.
Im vorliegenden Falle sind die von der Gemeinde erhobenen Erschließungskosten als nachträgliche Anschaffungskosten anzusehen, weil durch die Schaffung der weiteren Zufahrt die Verwendungs- und Nutzungsmöglichkeiten des Grundstücks erheblich verbessert wurden und dadurch auch eine Wertsteigerung des Grundstücks eingetreten ist (vgl. BFH-Urteil vom 3.8.2005, BStBl 2006 II S. 369).

Änderungen durch die Bp:

Bilanzposten Grund und Boden	vor Bp	nach Bp	mehr	Gewinn
31.12.2010	80.000	95.000	15.000	15.000
31.12.2011	80.000	95.000	15.000	0

1.6 Nebenkosten Grundstückserwerb

Der hessische Unternehmer Klein erwirbt mit notariellem Kaufvertrag vom 15.3.2010 ein Grundstück samt aufstehendem Betriebsgebäude (Baujahr 1995) zum Kaufpreis von 950.000 €. Davon entfallen (unstrittig) 20% auf den Grund und Boden und 80% auf das Gebäude. Die Nebenkosten für Grunderwerbsteuer (33.250 €), Notarkosten (12.000 €) sowie Gerichtskosten (4.750 €) bucht er als laufenden Grundstücksaufwand. Nutzen und Lasten gehen am 1.4.2010 über.

Buchungssätze:

in 2010:

(1)	Grund u. Boden	190.000				
	Gebäude	760.000	an	Bank	950.000
(2)	Grundstücks-Aufwand	50.000	an	Bank	50.000
(3)	AfA (4%)	30.400	an	Gebäude	30.400

in 2011:

(4)	AfA	30.400	an	Gebäude	30.400

Buchung auf Konten:

S	Grund und Boden	H
(1)	190.000	

S	Gebäude	H
(1)	760.000	30.400 (3)
		30.400 (4)

S	Bank	H
		950.000 (1)
		50.000 (2)

S	Grundstücks-Aufwand	H
(2)	50.000	

S	AfA	H
(3)	30.400	
(4)	30.400	

Feststellungen der Bp:

Mit dem Übergang von Nutzen und Lasten am 1.4.2010 sind dem Stpfl. die Wirtschaftsgüter Grund und Boden und Gebäude zuzurechnen.

Beim Erwerb eines Grundstücks mit aufstehendem Gebäude ist nach ständiger Rechtsprechung des BFH der einheitliche Kaufpreis nach objektiven Gesichtspunkten auf Grund und Boden einerseits und das Gebäude andererseits aufzuteilen. Im betrieblichen Bereich ist im Zweifel nach dem Verhältnis der Teilwerte aufzuteilen (BFH vom 15.2.1989, BStBl 1989 II S. 604).

Zu den Anschaffungskosten sind auch die als Aufwand gebuchten Anschaffungs-nebenkosten zu rechnen, die ebenfalls im gleichen Verhältnis auf den Grund und Boden und das Gebäude aufzuteilen sind. Somit entfallen 10.000 € auf den Grund und Boden sowie 40.000 € auf das Gebäude.

Die Abschreibung ist nach § 7 Abs. 4 Satz 1 Nr. 1 EStG mit 3% jährlich zu berech-nen. Die vom Stpfl. in Anspruch genommene AfA von 4% nach § 7 Abs. 5 Nr. 3c EStG gilt nur für Wohngebäude. Die AfA ist im Jahr der Anschaffung nur zeitanteilig zu gewähren:

AfA 2010:	800.000	x 3%	x 9/12	18.000
AfA 2011:	800.000	x 3%		24.000

Änderungen durch die Bp:

Bilanzposten Grund u. Boden	vor Bp	nach Bp	mehr	Gewinn
31.12.2010	190.000	200.000	10.000	10.000
31.12.2011	190.000	200.000	10.000	0

Bilanzposten Gebäude	vor Bp	nach Bp	mehr	Gewinn
31.12.2010	729.600	782.000	52.400	52.400
31.12.2011	699.200	758.000	58.800	6.400

1.7 Gemischt genutztes Grundstück

Der Unternehmer Groß erwirbt mit Übergang von Nutzen und Lasten zum 1.7.2010 ein bebautes Grundstück. Das Gebäude wird von ihm zu 30% betrieblich und zu 70% für eigene Wohnzwecke genutzt. Der Kaufpreis einschließlich aller Nebenkosten be-trägt 600.000 € und entfällt zu 1/4 auf den Grund und Boden und zu 3/4 auf das Ge-bäude. Alle Zahlungen werden vom privaten Bankkonto des Stpfl. geleistet.

Buchungssätze:

in 2010:

(1)	Gebäude	135.000	an	Einlagen	135.000
(2)	AfA	2.025	an	Gebäude	2.025

in 2011:

(3)   AfA   2.025   an   Gebäude   2.025

Buchung auf Konten:

S	Gebäude	H
(1) 135.000	2.025	(2)
	2.025	(3)

S	Einlagen	H
	135.000	(1)

S	AfA	H
(2) 2.025		
(3) 2.025		

Feststellungen der Bp:

Sofern ein Gebäude sowohl zu betrieblichen Zwecken, als auch zu privaten Wohnzwecken des Unternehmers genutzt wird, liegen hinsichtlich jedes dieser Gebäude-
teile selbständige Wirtschaftsgüter vor (R 4.2 (4) EStR 2008).

Auch der zu diesen Wirtschaftsgütern jeweils gehörende Grund und Boden stellt ein
gesondertes Wirtschaftsgut dar, der jedoch nur einheitlich mit dem jeweiligen Ge-
bäudeteil als Betriebs- oder Privatvermögen qualifiziert werden kann (vgl. R 4.2 (7)
EStR 2008).

Soweit das Gebäude ausschließlich und unmittelbar für betriebliche Zwecke von
Groß genutzt wird, liegt notwendiges Betriebsvermögens vor; soweit die Nutzung zu
privaten Wohnzwecken erfolgt, ist zwingend Privatvermögen anzunehmen (vgl. R 4.2
(1) EStR 2008). Dies gilt auch für den anteiligen Grund und Boden. Die Aktivierung
des Gebäudeteils und die Berechnung der AfA sind zutreffend erfolgt.

Änderungen durch die Bp:

Bilanzposten Grund u. Boden	vor Bp	nach Bp	mehr	Gewinn
31.12.2010	0	45.000	45.000	45.000
31.12.2011	0	45.000	45.000	0

Privateinlagen	vor Bp	nach Bp	mehr	Gewinn
2010	0	45.000	45.000	-45.000

1.8 Anschaffungsnaher Aufwand

Der Einzelhändler Max Pfiffig hat nach langen Verhandlungen mit notariellem Kaufvertrag vom 15.12.2009 ein Grundstück samt aufstehendem Betriebsgebäude (Baujahr 1995) zum Kaufpreis von 450.000 € einschließlich aller Nebenkosten (Grunderwerbsteuer, Notarkosten sowie Gerichtskosten) erworben. Davon entfallen (unstrittig) 20% auf den Grund und Boden und 80% auf das Gebäude. Der Übergang von Nutzen und Lasten war vereinbarungsgemäß der 1.1.2010.

In 2010 hat Pfiffig noch einige Baumaßnahmen durchführen lassen, die insgesamt am 1.7.2010 zum Abschluss gelangt sind. Pfiffig hat sämtliche Aufwendungen als sofort abziehbare Betriebsausgaben gebucht:

	netto	Umsatzsteuer
Erneuerung der Dacheindeckung	18.000	3.420
Austausch der Fenster	25.000	4.750
Erneuerung der Heizung	15.000	2.850
gesamt	58.000	11.020

Buchungssätze:

in 2010:

(1)	Grund u. Boden	90.000			
	Gebäude	360.000	an	Bank	450.000
(2)	Grundstücks-Aufwand	58.000			
	Vorsteuer	11.020	an	Bank	69.020
(3)	AfA	10.800	an	Gebäude	10.800

in 2011:

(4)	AfA	10.800	an	Gebäude	10.800

Buchung auf Konten:

S	Grund und Boden	H
(1)	90.000	

S	Gebäude		H
(1)	360.000	10.800	(3)
		10.800	(4)

S	Bank		H
		450.000	(1)
		69.020	(2)

S	Vorsteuer	H
(2)	11.020	

S	Grundstücks-Aufwand	H
(2)	58.000	

S	AfA	H
(3)	10.800	
(4)	10.800	

Feststellungen der Bp:

Nach § 6 Abs. 1 Nr. 1a Satz 1 EStG gehören zu den Herstellungskosten eines Gebäudes auch Aufwendungen für Instandsetzungs- und Modernisierungsmaßnahmen, die innerhalb von drei Jahren nach der Anschaffung des Gebäudes durchgeführt werden, wenn die Aufwendungen ohne die Umsatzsteuer 15 v.H. der Anschaffungskosten des Gebäudes übersteigen (anschaffungsnahe Herstellungskosten). Im vorliegenden Fall betragen die anschaffungsnahen Aufwendungen insgesamt 58.000 € und übersteigen damit die 15%-Grenze. Da es sich auch nicht teilweise um Aufwendungen für Erweiterungen i.S.d. § 255 Abs. 2 Satz 1 HGB handelt und ebenso wenig um jährlich üblicherweise anfallende Erhaltungsarbeiten (§ 6 Abs. 1 Nr. 1a Satz 2 EStG), sind die Kosten von 58.000 € zu aktivieren und zusammen mit dem Gebäude abzuschreiben.

Anschaffungskosten	360.000
Anschaffungsnahe Herstellungskosten	58.000
Bemessungsgrundlage	418.000
AfA 2010 (3%)	-12.540
Stand 31.12.2010	405.460
AfA 2011	-12.540
Stand 31.12.2011	392.920

Änderungen durch die Bp:

Bilanzposten Gebäude	vor Bp	nach Bp	mehr	Gewinn
31.12.2010	349.200	405.460	56.260	56.260
31.12.2011	338.400	392.920	54.520	-1.740

1.9　AfA-Methode bei Gebäuden

Mit Wirkung zum 1.9.2010 erwirbt der Einzelunternehmer Kurz ein bebautes Grundstück. Auf dem Grundstück befindet sich ein im Jahr 1984 errichtetes Betriebsgebäude. Die Anschaffungskosten von 285.000 € entfallen mit 57.000 € auf den Grund und Boden. Die AfA für das Gebäude wird vom Steuerberater des Herrn Kurz mit 3% gem. § 7 Abs. 4 Nr. 1 EStG ermittelt.

Buchungssätze:

in 2010:

(1)	Grund u. Boden	57.000			
	Gebäude	228.000	an	Darlehen	285.000
(2)	AfA	6.840	an	Gebäude	6.840

in 2011:

| (3) | AfA | 6.840 | an | Gebäude | 6.840 |

Buchung auf Konten:

S	Grund und Boden	H
(1)	57.000	

S	Gebäude	H
(1)	228.000	6.840　(2)
		6.840　(3)

S	Darlehen	H
		285.000　(1)

S	AfA	H
(2)	6.840	
(3)	6.840	

Feststellungen der Bp:

Die AfA nach § 7 Abs. 4 Nr. 1 EStG ist im vorliegenden Fall nicht zulässig. Das Gebäude gehört zwar zu einem Betriebsvermögen und dient nicht Wohnzwecken. Allerdings ist davon auszugehen, dass der Bauantrag bereits vor dem 21.3.1985 gestellt wurde. Deshalb ist die AfA nach § 7 Abs. 4 Satz 1 Nr. 2a EStG mit 2% jährlich zu ermitteln.

Darüber hinaus kann die AfA im Jahr der Anschaffung nur zeitanteilig (pro rata temporis) gewährt werden.

AfA 2010:	228.000	x 2%	x 4/12	1.520
AfA 2011:	228.000	x 2%		4.560

Änderungen durch die Bp:

Bilanzposten Gebäude	vor Bp	nach Bp	mehr	Gewinn
31.12.2010	221.160	226.480	5.320	5.320
31.12.2011	214.320	221.920	7.600	2.280

1.10   Teilwertabschreibung Gebäude

Der Unternehmer Mäßig nutzt das am 1.1.1994 fertig gestellte Betriebsgebäude nur noch zu einem geringen Teil für betriebliche Zwecke. Da die übrigen Räume weder für den eigenen Betrieb nutzbar, noch an Fremde vermietbar sind, wird eine außerplanmäßige Abschreibung zum 31.12.2010 auf 120.000 € in Erwägung gezogen. Die Herstellungskosten des Gebäudes betrugen in 1989 umgerechnet 600.000 €; bei der AfA wurde eine Nutzungsdauer von 25 Jahren zugrunde gelegt.

Kontenentwicklung	HB/StB
Zugang 1.1.1994	600.000
AfA 1994-2009 (16 Jahre x 4%)	-384.000
Zwischenstand 31.12.2009	216.000
Lineare AfA (4%)	-24.000
Außerplanmäßige AfA	-72.000
Stand 31.12.2010	120.000
Lineare AfA (8 Jahre Rest-ND)	-15.000
Stand 31.12.2011	105.000

Buchungssätze:

in 2010:

(1)	Lineare AfA	24.000	an	Gebäude	24.000
(2)	AfaA	72.000	an	Gebäude	72.000

in 2011:

(3)	Lineare AfA	15.000	an	Gebäude	15.000

Buchung auf Konten:

S	Gebäude		H
EB	216.000	24.000	(1)
		72.000	(2)
		15.000	(3)

S		AfA	H
(1)	24.000		
(3)	15.000		

S		AfaA	H
(2)	72.000		

Feststellungen der Bp:

Nach § 6 Abs. 1 Nr. 1 und 2 EStG erfordert der Ansatz des niedrigeren Teilwerts eine voraussichtlich dauernde Wertminderung.

Für die Wirtschaftsgüter des abnutzbaren Anlagevermögens kann von einer voraussichtlich dauernden Wertminderung ausgegangen werden, wenn der Wert des jeweiligen Wirtschaftsguts zum Bilanzstichtag mindestens für die halbe Restnutzungsdauer unter dem planmäßigen Restbuchwert liegt. Die verbleibende Nutzungsdauer ist für Gebäude nach § 7 Abs. 4 und 5 EStG, für andere Wirtschaftsgüter grundsätzlich nach den amtlichen AfA-Tabellen zu bestimmen (vgl. BMF-Schreiben vom 25.2.2000, BStBl 2000 I S. 372 sowie BFH vom 14.3.2006, BStBl 2006 II S. 680 und vom 9.9.2010, BFH/NV 2011 S. 423).

Im vorliegenden Fall beträgt die Restnutzungsdauer 8 Jahre, so dass der sich nach 4 Jahren ergebende Restbuchwert ermittelt werden muss.

Bei einer jährlichen Abschreibung von 24.000 € beträgt dieser 96.000 € und liegt damit noch deutlich unter dem Teilwert am 31.12.2010. Eine Teilwertabschreibung ist damit nicht zulässig.

Kontenentwicklung	HB/StB	PB
Zugang 1.1.1994	600.000	600.000
AfA 1994-2009 (16 Jahre x 4%)	-384.000	-384.000
Zwischenstand 31.12.2009	216.000	216.000
Lineare AfA	-24.000	-24.000
Außerplanmäßige AfA	-72.000	0
Stand 31.12.2010	120.000	192.000
Lineare AfA	-15.000	-24.000
Stand 31.12.2011	105.000	168.000

Änderungen durch die Bp:

Bilanzposten Gebäude	vor Bp	nach Bp	mehr	Gewinn
31.12.2010	120.000	192.000	72.000	72.000
31.12.2011	105.000	168.000	63.000	-9.000

1.11 Videobeamer als Betriebsvermögen

Der Gastwirt W erwirbt am 1.5.2010 anlässlich der Fußball-Weltmeisterschaft in Südafrika einen Video-Beamer mit einer dazugehörigen Leinwand für seine Gaststätte. Die Anschaffungskosten betragen:

netto	3.600
Umsatzsteuer 19%	684
brutto	4.284

In der Zeit vom 1.5.2010 bis zum 31.7.2010 wird die Anlage in der Gaststätte für die Gäste aufgestellt. Ab August 2010 stehen Beamer und Leinwand in der Wohnung des Gastwirts.

Die betriebsgewöhnliche Nutzungsdauer beträgt (unstrittig) 3 Jahre.

Buchungssätze:

in 2010:

(1)	BGA	3.600			
	Vorsteuer	684	an	Bank	4.284
(2)	AfA	800	an	BGA	800

Buchung auf Konten:

S	BGA	H	
(1)	3.600	800	(2)

S	Bank	H	
		4.284	(1)

S	Vorsteuer	H
(1)	684	

S	AfA	H
(2)	800	

Feststellungen der Bp:

Die Video-Anlage gehört ab dem 1.5.2010 zum notwendigen Betriebsvermögen des Gastwirts W, da diese ausschließlich und unmittelbar eigenbetrieblichen Zwecken dient (R 4.2 (1) EStR 2008). Somit war die Bilanzierung und der Vorsteuerabzug zum 1.5.2010 zunächst zutreffend. Am 1.8.2010 entnimmt der Stpfl. jedoch die Anlage in sein Privatvermögen (§ 4 Abs. 1 Satz 2 EStG, R 4.3 (2) EStR 2008). Die Entnahme ist gem. § 6 Abs. 1 Nr. 4 EStG mit dem Teilwert anzusetzen, der im vorliegenden Falle dem Buchwert entsprechen soll.

Umsatzsteuerlich liegt eine unentgeltliche Wertabgabe nach § 3 Abs. 1b Nr. 1 UStG vor, die nach § 10 Abs. 4 Nr. 1 UStG mit dem Einkaufspreis anzusetzen ist, der in der Regel dem Wiederbeschaffungspreis entspricht (dieser soll im vorliegenden Falle aus Vereinfachungsgründen ebenfalls dem Buchwert entsprechen).

Zugang 1.5.2010	3.600
AfA für 3 Monate	-300
Buchwert am 31.7.2010	3.300
Umsatzsteuer 19%	627
Entnahmewert	3.927

Änderungen durch die Bp:

Bilanzposten BGA	vor Bp	nach Bp	weniger	Gewinn
31.12.2010	2.800	0	2.800	-2.800

Privatentnahmen	vor Bp	nach Bp	mehr	Gewinn
2010	0,00	3.927	3.927	3.927

USt-Schuld	vor Bp	nach Bp	mehr	Gewinn
31.12.2010	0,00	627	627	-627

1.12   Geringwertige Wirtschaftsgüter

Unternehmer A erwirbt am 8.1.2008 im Büromarkt Müller nachstehende Gegenstände zur Ausstattung der Büros der Buchhaltung:

Anzahl	Bezeichnung	einzeln	gesamt
10	Rechenmaschinen	250	2.500
10	Drehstühle	370	3.700
10	LED Schreibtischlampen	140	1.400
2	Aktenschredder	200	400
	Summe netto		8.000
	Umsatzsteuer		1.520
	Summe brutto		9.520

In der Anlagenbuchhaltung wurden diese Wirtschaftsgüter unter Angabe des Tages der Anschaffung sowie der Anschaffungskosten erfasst.

Buchungssatz:

in 2008:

GWG	8.000			
Vorsteuer	1.520	an	Bank	9.520

Buchung auf Konten:

S	GWG	H
8.000		

S	Bank	H
	9.520	

S	Vorsteuer	H
1.520		

Feststellungen der Bp:

Im vorliegenden Falle durfte die Bewertungsfreiheit für geringwertige Wirtschaftsgüter nur teilweise in Anspruch genommen werden. Geringwertige Wirtschaftsgüter sind Wirtschaftsgüter des Anlagevermögens, die einer selbständigen Nutzung fähig sind, sofern die Anschaffungs- oder Herstellungskosten (vermindert um einen darin enthaltenen Vorsteuerbetrag) 150 € nicht übersteigen (§ 6 Abs. 2 Satz 1 EStG i.d.F. des Unternehmensteuerreformgesetzes 2008).

Somit durften nur die Anschaffungskosten für die 10 LED-Schreibtischlampen als sofort abziehbare Betriebsausgaben behandelt werden.

Für die übrigen Wirtschaftsgüter kommt die Bildung eines Sammelpostens nach § 6 Abs. 2a EStG in Betracht, da die Anschaffungskosten (netto) über 150 € liegen und 1.000 € nicht überschreiten. Für die Wirtschaftsgüter ist ein Sammelposten zu bilden, der im Jahr der Bildung und in den folgenden 4 Wirtschaftsjahren mit jeweils 1/5 (1.320 €) gewinnmindernd aufzulösen ist.

Anzahl	Bezeichnung	einzeln	gesamt
10	Rechenmaschinen	250	2.500
10	Drehstühle	370	3.700
2	Aktenschredder	200	400
			6.600

Änderungen durch die Bp.

Bilanzposten BCA	vor Bp	nach Bp	mehr	Gewinn
31.12.2008	0	5.280	5.280	5.280
31.12.2009	0	3.960	3.960	-1.320
31.12.2010	0	2.640	2.640	-1.320
31.12.2011	0	1.320	1.320	-1.320

Anmerkung:
Der Höchstbetrag für GWG i.H.v. 150 € hatte nur in den Jahren 2008 und 2009 Gültigkeit. Mit Wachstumsbeschleunigungsgesetz vom 22.12.2009 (BGBl 2009 I

S. 3950) wurde die frühere Grenze von 410 € mit Wirkung ab 1.1.2010 wieder einge-führt.

1.13 Büromöbel als geringwertige Wirtschaftsgüter

Im Rahmen einer Betriebserweiterung im Jahre 2010 erwirbt der Unternehmer B am 10.1.2010 folgende Büromöbel und richtet damit die Büros seiner drei leitenden An-gestellten ein:

Anzahl	Bezeichnung	einzeln	gesamt
3	Schreibtischelement	180	540
3	Eckelement	150	450
3	Anbautisch	160	480
3	Roll-Container	170	510
9	Einzelregal	280	2.520
	Summe netto		4.500
	Umsatzsteuer		855
	Summe brutto		5.355

Die Tischelemente sind jeweils miteinander verschraubt, da die einzelnen Teile we-gen fehlender Tischbeine an den Seiten alleine keine ausreichende Standfestigkeit aufweisen. Die Rollcontainer befinden sich jeweils unter dem Schreibtisch. In jedem Büro werden drei Regale aufgestellt. Jedes Einzelregal besteht aus einem Korpus mit Seiten-, Rück-, Ober- und Unterwand nebst Schranktüren. Die Regale sind, um die Standfestigkeit der Gesamtanlage besser zu gewährleisten, miteinander ver-schraubt.

Buchungssatz:

in 2010:

GWG	4.500					
Vorsteuer	855	an	Bank	5.355

Buchung auf Konten:

S	GWG	H
4.500		

S	Bank	H
	5.355	

S	Vorsteuer	H
	855	

Feststellungen der Bp:

Im vorliegenden Falle durfte die Bewertungsfreiheit für geringwertige Wirtschaftsgüter nur teilweise in Anspruch genommen werden. Geringwertige Wirtschaftsgüter sind Wirtschaftsgüter des Anlagevermögens, die einer selbständigen Nutzung fähig sind, sofern die Anschaffungs- oder Herstellungskosten (vermindert um einen darin enthaltenen Vorsteuerbetrag) 410 € nicht übersteigen (§ 6 Abs. 2 Satz 1 EStG). Ein Wirtschaftsgut ist einer selbständigen Nutzung nicht fähig, wenn es nach seiner betrieblichen Zweckbestimmung nur zusammen mit anderen Wirtschaftsgütern des Anlagevermögens genutzt werden kann und die in den Nutzungszusammenhang eingeführten Wirtschaftsgüter technisch aufeinander abgestimmt sind.

Die Tischelemente erfüllen diese Voraussetzungen nicht, da sie mangels eigener Standfestigkeit nur zusammen genutzt werden können. Somit sind deren Anschaffungskosten zu aktivieren und auf eine betriebsgewöhnliche Nutzungsdauer von 10 Jahren abzuschreiben. Auch die Regelung des § 6 Abs. 2a EStG (Bildung eines Sammelpostens) greift nicht, da die Anschaffungskosten über 1.000 € liegen.

Die Rollcontainer und auch die Regale sind hingegen als GWG anzuerkennen (vgl. BFH vom 9.8.2001, BStBl 2002 II S. 100), da sie einer selbständigen Nutzung fähig sind.

Schreibtischelemente	540
Eckelemente	450
Anbautische	480
Summe	1.470
AfA 2010 (10%)	147
AfA 2011 (10%)	147

Änderungen durch die Bp:

Bilanzposten BGA	vor Bp	nach Bp	mehr	Gewinn
31.12.2010	0	1.323	1.323	1.323
31.12.2011	0	1.176	1.176	-147

Anmerkung:
Ab 2010 gilt wieder die Grenze von 410 € für die Bewertungsfreiheit geringwertiger Wirtschaftsgüter gem. § 6 Abs. 2 EStG. Für Wirtschaftsgüter mit Anschaffungs- oder

Herstellungskosten zwischen 150 € und 1.000 € besteht jedoch auch die Möglichkeit der Bildung eines Sammelpostens gem. § 6 Abs. 2a EStG. Hierzu wird auf das BMF-Schreiben vom 30.9.2010, BStBl 2010 I S. 755 hingewiesen.

1.14 Nachträgliche Anschaffungskosten – bewegliche Wirtschaftsgüter

Am 1.6.2008 erwirbt der Unternehmer Lustig neue Maschinen zum Preis von 360.000 € zzgl. 19% Umsatzsteuer. Nach der amtlichen AfA-Tabelle beträgt die betriebsgewöhnliche Nutzungsdauer 8 Jahre. Herr Lustig wählt die lineare AfA nach § 7 Abs. 1 EStG.

Im Jahr 2011 werden weitere Arbeiten an den Maschinen ausgeführt, die zu nachträglichen Anschaffungskosten i.H.v. 140.000 € führen. Die Maßnahmen werden am 1.9.2011 abgeschlossen.
Bei der Neuberechnung der AfA ab 2011 geht Herr Lustig von einer Restnutzungsdauer von 5 Jahren aus:

Buchungssätze:

in 2008:

(1)	Maschinen	360.000			
	Vorsteuer	68.400	an	Bank	428.400
(2)	AfA (12,50%)	45.000	an	Maschinen	45.000

in 2009:

| (3) | AfA (12,50%) | 45.000 | an | Maschinen | 45.000 |

in 2010:

| (4) | AfA (12,50%) | 45.000 | an | Maschinen | 45.000 |

in 2011:

(5)	Maschinen	140.000			
	Vorsteuer	26.600	an	Bank	166.600
(6)	AfA (20%)	73.000	an	Maschinen	73.000

Buchung auf Konten:

S	Maschinen		H
(1)	360.000	45.000	(2)
		45.000	(3)
		45.000	(4)
(5)	140.000	73.000	(6)

S	Vorsteuer		H
(1)	68.400		
(5)	26.600		

S	Bank		H
		428.400	(1)
		166.600	(5)

S	AfA		H
(2)	45.000		
(3)	45.000		
(4)	45.000		
(6)	73.000		

Feststellungen der Bp:

Die Buchungen in den Jahren 2008 – 2010 sind zutreffend erfolgt.

Nach der Aktivierung der nachträglichen Anschaffungskosten bemisst sich die AfA ab 2011 nach dem Restwert und der Restnutzungsdauer (R 7.4 (9) EStR 2008).

Die nachträglichen Anschaffungskosten sind so zu behandeln, als seien sie zu Beginn des Jahres aufgewendet worden (R 7.4 (9) Satz 3 EStR 2008). Herr Lustig ist von einer Restnutzungsdauer von 5 Jahren ausgegangen (8 Jahre abzgl. 2008-2010). Es muss jedoch von der tatsächlichen Restnutzungsdauer ausgegangen werden, die 5 Jahre und 5 Monate (insgesamt 65 Monate) beträgt.
Die AfA für 2011 berechnet sich daher wie folgt:

AK in 2008	360.000
AfA 2008-2010	-135.000
nachträgliche AK 2011	140.000
Bemessungsgrundlage	365.000
AfA 2011: 12/65	67.385

Änderungen durch die Bp:

Bilanzposten Maschinen	vor Bp	nach Bp	mehr	Gewinn
31.12.2011	292.000	297.615	5.615	5.615

1.15 Investitionsabzugsbetrag nach § 7g EStG

Der Einzelunternehmer Pfiffig plant die Anschaffung einer neuen Maschine im Jahr 2009. Die Verhandlungen mit dem Lieferanten sind bereits Ende 2008 abgeschlossen und der Auftrag über die Lieferung und Montage der Maschine wurde erteilt. Die Anschaffungskosten sollen 220.000 € betragen.

Die Lieferung und Montage erfolgen im Juni 2009, so dass die Maschine ab 1.7.2009 in Betrieb genommen werden kann.

Herr Pfiffig nimmt sowohl die degressive AfA nach § 7 Abs. 2 EStG (ND 10 Jahre), als auch die Sonderabschreibung nach § 7g Abs. 1 EStG in Anspruch (die sonstigen Voraussetzungen des § 7g EStG sollen erfüllt sein).

Außerbilanziell:

in 2008:	Auswirkung
Abzug Investitionsabzugsbetrag	-88.000
in 2009:	
Zurechnung im Jahr der Investition	88.000

Buchungssätze:

in 2009:

(1)	Maschinen	220.000	an		
	Vorsteuer	41.800		Bank	261.800
(2)	Betrag § 7g Abs. 2	88.000	an	Maschinen	88.000
(3)	Sonder-AfA § 7g	26.400	an	Maschinen	26.400
(4)	AfA § 7 Abs. 2	33.000	an	Maschinen	33.000

in 2010:

| (5) | AfA § 7 Abs. 2 | 33.000 | an | Maschinen | 33.000 |

Buchung auf Konten:

S	Maschinen		H
(1)	220.000	88.000	(2)
		26.400	(3)
		33.000	(4)
		33.000	(5)

S	Vorsteuer	H
(1)	41.800	

S	Bank	H
	261.800	(1)

S	AfA	H
(2)	88.000	
(3)	26.400	
(4)	33.000	
(5)	33.000	

Feststellungen der Bp:

Da die Voraussetzungen für die Inanspruchnahme eines Investitionsabzugsbetrags und von Sonderabschreibungen nach § 7g EStG erfüllt waren, sind diese grundsätzlich anzuerkennen.

Der Investitionsabzugsbetrag wurde in 2008 zutreffend mit 88.000 € (40% der voraussichtlichen Anschaffungskosten der Maschine) ermittelt und außerbilanziell abgezogen (§ 7g Abs. 1 Satz 1 EStG). Ebenfalls zutreffend erfolgte die außerbilanzielle Zurechnung dieses Investitionsabzugsbetrages in 2009 gem. § 7g Abs. 2 Satz 1 EStG mit demselben Wert.

Die Maschine wurde zunächst zutreffend mit ihren Anschaffungskosten i.H.v. 220.000 € erfasst und dann um den Betrag des zugerechneten Investitionsabzugsbetrages gem. § 7g Abs. 2 Satz 2 EStG i.H.v. 88.000 € gemindert. Dadurch vermindert sich auch die Bemessungsgrundlage für die Sonderabschreibungen und übrigen Abschreibungen (§ 7g Abs. 2 Satz 2 2. Halbsatz EStG).

Die Sonderabschreibungen nach § 7g Abs. 5 und 6 EStG betragen 20% der Bemessungsgrundlage, somit 26.400 €.

Die degressive AfA nach § 7 Abs. 2 EStG ist neben der Sonder-AfA zulässig und beträgt in 2009 das 2,5 fache des linearen AfA-Betrages, maximal jedoch 25%. Für das Jahr 2009 ist wegen des Zugangs am 1.7.2009 jedoch nur die Hälfte der Jahres-AfA zu gewähren, somit 16.500 €.

Die AfA für das Folgejahr ist von der um Sonder-AfA und degressive AfA geminderten Bemessungsgrundlage zu berechnen:

AK in 2009	220.000
Abzug § 7g Abs. 2	-88.000
Bemessungsgrundlage	132.000
Sonder AfA § 7g Abs. 5	-26.400
AfA § 7 Abs. 2	-16.500
Stand 31.12.2009	89.100
davon 25%	-22.275
Stand 31.12.2010	66.825

Änderungen durch die Bp:

Bilanzposten Maschinen	vor Bp	nach Bp	mehr	Gewinn
31.12.2009	72.600	89.100	16.500	16.500
31.12.2010	39.600	66.825	27.225	10.725

Anmerkung:
Die dargestellten Auswirkungen ergeben sich für 2009 sowohl in der Handels- als auch in der Steuerbilanz. Mit Einführung des BilMoG und Wegfall der umgekehrten Maßgeblichkeit ab 2010 unterscheiden sich die Darstellungen in der Handels- und Steuerbilanz erheblich.

Darstellung des Falles bei Zugang in 2010:

	HB	StB
AK in 2010	220.000	220.000
Abzug § 7g Abs. 2	0	-88.000
Bemessungsgrundlage	220.000	132.000
Sonder AfA § 7g Abs. 5	0	-26.400
AfA § 7 Abs. 2	-27.500	-16.500
Stand 31.12.2010	192.500	89.100
davon 25%	-48.125	-22.275
Stand 31.12.2011	144.375	66.825

1.16   Mietereinbauten

Einzelunternehmerin Trude Baumann betreibt in Düsseldorf eine Boutique für exklusive Damenoberbekleidung und verkauft dort überwiegend Designer-Artikel im oberen Preissegment. Frau Baumann hat das Ladenlokal an der Königsallee für einen Zeitraum von 10 Jahren, beginnend ab dem 1.7.2010, angemietet.

Damit die Räumlichkeiten insgesamt den besonderen Ansprüchen der Kundschaft gerecht werden, hat Frau Baumann mit Genehmigung des Vermieters im Jahr 2010 (Fertigstellung am 1.9.2010) noch folgende erhebliche Investitionen getätigt, die bisher in voller Höhe als Betriebsausgaben gebucht wurden:

Entfernung von vorhandenen Zwischenwänden und Abtrennung eines separaten Raumes für die Angestellten als Sozialraum (Trockenbau sowie Malerarbeiten und Teppichboden)	4.900 €
Einbau von Personal- und Kundentoiletten (Trockenbau, Sanitärinstallation sowie Fliesenleger- und Malerarbeiten)	5.400 €
Einbau eines Marmorfußbodens	4.700 €

Die Beteiligten gehen davon aus, dass die Nutzungsdauer der vorgenommenen Ein- und Umbauten höchstens der Mietdauer entspricht. Nach Beendigung des Mietvertrages ist Frau Baumann auf Verlangen des Eigentümers verpflichtet, die Räumlichkeiten im ursprünglichen Zustand zurückzugeben.

Buchungssatz:

in 2010:

Raumkosten	15.000			
Vorsteuer	2.850	an	Bank	17.850

Buchung auf Konten:

S	Raumkosten	H
15.000		

S	Vorsteuer	H
2.850		

S	Bank	H
	17.850	

Feststellungen der Bp:

Grundsätzlich gilt für die Beurteilung dieser sog. Mietereinbauten nach wie vor der BdF-Erlass vom 15.1.1976 (BStBl 1976 I S. 66). Die Aktivierung solcher Wirtschaftsgüter hängt jedoch grundsätzlich von der Frage ab, ob es sich bei den Aufwendungen des Mieters um Erhaltungs- oder Herstellungsaufwand handelt. Diese Frage ist nach allgemeinen Grundsätzen zu untersuchen (vgl. BFH vom 28.7.1993, BStBl 1994 II S. 164 und vom 15.10.1996, BStBl 1997 II S. 533).

Die Bp hat die durchgeführten Maßnahmen (Sozialraum, Toiletten und Fußboden) nach den im o. g. Erlass aufgelisteten Kriterien untersucht. Danach können diese Einbauten sein:

– Scheinbestandteil (Ziffer 2)
– Betriebsvorrichtung (Ziffer 3)
– materielles Wirtschaftsgut mit wirtschaftlichem Eigentum (Ziffern 4a, 6)
– materielles Wirtschaftsgut ohne wirtschaftliches Eigentum (Ziffern 4b, 7)
– immaterielles Wirtschaftsgut (Ziffern 5, 9).

Zunächst ist festzustellen, dass es sich um Herstellungskosten handelt, da die Aufwendungen für die Erweiterung oder eine über den ursprünglichen Zustand hinausgehende wesentliche Verbesserung sowie für eine Substanzmehrung geleistet werden (vgl. R 21.1 (2) EStR 2008 i.V.m. § 255 Abs. 2 Satz 1 HGB).

Nach Feststellung der Bp handelt es sich nicht um Scheinbestandteile, weil durch die Baumaßnahmen nicht Sachen zu einem vorübergehenden Zweck eingefügt wurden und die Nutzungsdauer nicht länger ist als die voraussichtliche Mietdauer.

Ebenso wenig handelt es sich um Betriebsvorrichtungen, weil mit den eingebauten Sachen das Gewerbe nicht unmittelbar betrieben wird.

Vielmehr ist davon auszugehen, dass durch sonstige Mietereinbauten und Mieterumbauten materielle Wirtschaftsgüter des Anlagevermögens entstanden sind. Die Mieterin ist wirtschaftliche Eigentümerin eines sonstigen Mietereinbaus, da die eingebauten Sachen während der voraussichtlichen Mietdauer technisch und wirtschaftlich verbraucht werden (vgl. BdF-Erlass vom 15.1.1976, Ziffern 4a i.V.m. 6a).

Mietereinbauten und -umbauten sind in der Bilanz des Mieters zu aktivieren, wenn es sich um gegenüber dem Gebäude selbständige Wirtschaftsgüter handelt, für die der Mieter Herstellungskosten aufgewendet hat, die Wirtschaftsgüter seinem Betriebsvermögen zuzurechnen sind und die Nutzung durch den Mieter zur Einkünfteerzielung sich erfahrungsgemäß über einen Zeitraum von mehr als einem Jahr erstreckt (BFH vom 15.10.1996, BStBl 1997 II S. 533).

Die Höhe der AfA bestimmt sich nach den für Gebäude geltenden Grundsätzen. Das bedeutet, dass die Herstellungskosten für Mietereinbauten und -umbauten nach den in § 7 Abs. 4 bis 5a EStG getroffenen Regelungen abzuschreiben sind. Somit ist die AfA nach § 7 Abs. 4 Satz 2 EStG zu ermitteln. Es wird übereinstimmend ein jährlicher AfA-Satz von 10 % angenommen.

Herstellungskosten	15.000
AfA 2010 (10% x 4/12)	-500
Stand 31.12.2010	14.500
AfA 2011	-1.500
Stand 31.12.2011	13.000

Änderungen durch die Bp:

Bilanzposten Einbauten	vor Bp	nach Bp	mehr	Gewinn
31.12.2010	0	14.500	14.500	14.500
31.12.2011	0	13.000	13.000	-1.500

1.17 Warenbewertung und Skonto

Der Inhaber eines Haushaltswarengeschäfts führt am 30. und 31.12.2011 die nach den §§ 140 und 141 Abs. 1 AO erforderliche Inventur seiner Warenbestände durch. Bei der Bewertung der vorhandenen Gegenstände geht er zunächst von den jeweiligen Anschaffungskosten aus (§ 6 Abs. 1 Nr. 2 EStG). Da er bei der Bezahlung seiner Wareneinkaufsrechnungen von den Lieferanten gewährte Skontoabzüge in Anspruch nimmt, ermittelt er den Bilanzwert seines Warenbestands zum 31.12.2011 wie folgt:

Warenbestand zu Einkaufspreisen	3.500.000
Skontoabzug 5%	-175.000
Bilanzansatz	3.325.000

Buchungssatz·

in 2011:

Warenbestand	3.325.000	an	Wareneinkauf	3.325.000

Buchung auf Konten:

S	Warenbestand	H
3.325.000		

S	Wareneinkauf	H
	3.325.000	

Feststellungen der Bp:

Nach den Feststellungen der Bp betrug der Wareneinkauf im Jahre 2011 insgesamt 45.000.000 €. Die von Lieferanten gewährten Skonti beliefen sich auf 1.400.000 €. Dies entspricht einem Prozentsatz von nur 3,111 %, gegenüber den geltend gemachten 5%.

Außerdem rechtfertigen nur diejenigen Skontobeträge einen Abzug bei der Warenbewertung, die am Bilanzstichtag bereits in Anspruch genommen wurden (H 6.2 „Skonto" EStH 2011; BFH vom 27.2.1991 I R 176/84, BStBl 1991 II S. 456).

Aufgrund der Vielzahl von Wareneinkaufsrechnungen konnten durch die Bp – ohne übermäßigen Zeitaufwand – keine Einzelermittlungen durchgeführt werden, um festzustellen, welche Warenrechnungen am Bilanzstichtag noch nicht bezahlt waren. In Übereinstimmung mit dem Stpfl. wurde der zu berücksichtigende Skontoabzug auf 2% festgelegt.

Der Bilanzwert des Warenbestands ergibt sich somit wie folgt:

Warenbestand zu Einkaufspreisen	3.500.000
Skontoabzug 2%	-70.000
Bilanzansatz	3.430.000

Änderungen durch die Bp:

Bilanzposten Warenbestand	vor Bp	nach Bp	mehr	Gewinn
31.12.2011	3.325.000	3.430.000	105.000	105.000

1.18 Teilfertige Arbeiten

Der Bauunternehmer Tüchtig hat im Kalenderjahr 2010 Material- und Lohnkosten für die Erstellung von zwei gleich großen Einfamilienhäusern als Aufwand gebucht:

Materialkosten	160.000
Löhne und Gehälter	70.000
Materialgemeinkosten	20.000
Lohngemeinkosten	70.000
Gesamt	320.000

Haus 1 wird bereits Ende Dezember 2010 fertig gestellt und kurzfristig von den Auftraggebern bezogen. Für dieses Bauvorhaben sind in 2010 zusätzliche Kosten i.H.v. 20.000 € angefallen und als Aufwand gebucht worden. Die Fertigstellung des Hauses 2 erfolgt erst in 2011. Die Abnahme und Abrechnung für beide Objekte wird in 2011 durchgeführt. Für die Objekte hat Tüchtig einen einheitlichen Festpreis von jeweils 220.000 € vereinbart.

Buchungssätze:

in 2010:

(1)	Wareneinkauf	160.000			
	Löhne u. Gehälter	70.000			
	Div. Kosten	90.000	an	Bank	320.000
(2)	Fremdleistungen (Haus 1)	20.000	an	Bank	20.000

in 2011:

(3)	Fremdleistungen (Haus 2)	20.000	an	Bank	20.000
(4)	Ford. aus L. u. L.	440.000	an	Erlöse	440.000

Buchung auf Konten:

S	Wareneinkauf	H
(1)	160.000	

S	Löhne und Gehälter	H
(1)	70.000	

S	Diverse Kosten	H
(1)	90.000	

S	Fremdleistungen	H
(2)	20.000	
(3)	20.000	

S	Forderungen aus L.u.L.	H
(4)	440.000	

S	Bank	H
	320.000	(1)
	20.000	(2)
	20.000	(3)

S	Erlöse.	H
	440.000	(4)

Feststellungen der Bp:

Da das Haus 1 bereits in 2010 fertig gestellt war und von den Kunden bezogen wurde, ist insoweit bereits Gewinnrealisierung eingetreten. Steuerlich kommt es hier weder auf die förmliche Abnahme, noch auf die Rechnungserteilung seitens des Auftragnehmers an. Vielmehr ist der als Festpreis vereinbarte Betrag unter den Forderungen aus Lieferungen und Leistungen auszuweisen.

Der in 2010 entstandene Aufwand für das Haus 2 ist in der Schlussbilanz zum 31.12.2010 unter der Bilanzposition Teilfertige Arbeiten zu aktivieren. Die Gewinnrealisierung hierfür erfolgt erst in 2011 (Grundsatz der periodengerechten Gewinnermittlung).

Aufwand 2010	320.000
je Haus	160.000
Zusatzkosten Haus 1	20.000
Aufwand Haus 1	180.000
Vereinbarter Festpreis	220.000
Gewinn	40.000

Änderungen durch die Bp:

Bilanzposten Forderungen	vor Bp	nach Bp	mehr	Gewinn
31.12.2010	0	220.000	220.000	220.000
31.12.2011	440.000	440.000	0	-220.000

Bilanzposten Teilfertige Arbeiten	vor Bp	nach Bp	mehr	Gewinn
31.12.2010	0	160.000	160.000	160.000
31.12.2011	0	0	0	-160.000

Zusammenfassung:

Gewinne	vor Bp	Änderung	nach Bp
2010	-340.000	380.000	40.000
2011	420.000	-380.000	40.000

1.19 Mietkaution und Zinsertrag

Der Einzelunternehmer Wunderlich hat ab 1.8.2010 das bebaute Grundstück in Wiesbaden, Zum Sonnengarten 123, zur betrieblichen Nutzung gemietet. Die monatliche Miete beträgt:

netto	20.000
USt	3.800
gesamt	23.800

Bei Abschluss des Mietvertrags wurde eine Mietkaution i.H.v. drei Monatsmieten (60.000 €) an den Vermieter gezahlt. Dieser hat den Betrag auf einem Sparbuch bei einer Sparkasse angelegt, das in 2010 mit 2 % p.a. und ab 2011 mit 2,5% p.a. verzinst wird.

Buchungssätze:

in 2010:

(1)	Mietkaution	60.000	an	Bank	60.000
(2)	Miete	100.000			
	Vorsteuer	19.000	an	Bank	119.000

in 2011:

(3)	Miete	240.000			
	Vorsteuer	45.600	an	Bank	285.600

Buchung auf Konten:

S	Mietkaution	H
(1)	60.000	

S	Vorsteuer	H
(2)	19.000	
(3)	45.600	

S	Bank	H
	60.000	(1)
	119.000	(2)
	285.600	(3)

S	Miete	H
(2)	100.000	
(3)	240.000	

Feststellungen der Bp:

Die Buchungen der Miete und der Mietkaution sind zutreffend erfolgt. Der Stpfl. hat jedoch bisher nicht beachtet, dass die Mietkaution verzinst wird. Diese Zinserträge sind ihm zuzurechnen und damit auch von ihm der Besteuerung zu unterwerfen. Die Bp hat den Stpfl. aufgefordert, über den Vermieter eine Bescheinigung der gutgeschriebenen Zinsen bei der Bank anzufordern.

Diese – nunmehr vorliegende – Bescheinigung weist die Zinsen wie folgt aus:

Zinsen 2010	500,00	
25% Kapitalertragsteuer	-125,00	(§ 43 Abs. 1 Nr. 7 EStG)
5,5% Solidaritätszuschlag	-6,88	(§ 4 SolzG)
Gutschrift 31.12.2010	368,12	

Zinsen 2011	1.509,20	
25% Kapitalertragsteuer	-377,30	(§ 43 Abs. 1 Nr. 7 EStG)
5,5% Solidaritätszuschlag	-20,75	(§ 4 SolzG)
Gutschrift 31.12.2011	1.111,15	

Die Zinsen stellen in Höhe des Bruttobetrags betriebliche Erträge dar. Die Kapitalertragsteuer und der Solidaritätszuschlag sind als Privatentnahmen zu erfassen, da sie bei der Einkommensteuer des Herrn Wunderlich angerechnet werden können (§ 36 Abs. 2 Nr. 2 und § 51a Abs. 1 EStG).

Anrechenbare Steuern	KESt	Soli	Gesamt
2010	125,00	6,88	131,88
2011	377,30	20,75	398,05

Änderungen durch die Bp:

Bilanzposten Mietkaution	vor Bp	nach Bp	mehr	Gewinn
31.12.2010	60.000	60.368,12	368,12	368,12
31.12.2011	60.000	61.479,27	1.479,27	1.111,15

Privatentnahmen	vor Bp	nach Bp	mehr	Gewinn
2010	0	131,88	131,88	131,88
2011	0	398,05	398,05	398,05

1.20　Darlehensforderung

Ein Bäckermeister beteiligt sich am 2.1.2010 an einer Einkaufsgenossenschaft, um im Rahmen des dortigen Großeinkaufs günstigere Konditionen für den Wareneinkauf erhalten zu können.

Die Anteile an der e. G. hat er mit den Anschaffungskosten (§ 6 Abs. 1 Nr. 2 EStG) i.H.v. 4.000 € in der Bilanz aktiviert.

Außerdem hat der Stpfl. am 2.1.2010 der Genossenschaft ein Darlehen i.H.v. 60.000 € zum Zinssatz von 4% überlassen. Laut schriftlicher Vereinbarung ist das Darlehen nach 5 Jahren fällig, wobei die angefallenen Zinsen dem Darlehenskonto gutgeschrieben werden sollen. Für 2010 und 2011 „erhielt" der Bäckermeister Zinsen i.H.v. jeweils: 5% von 60.000 € = 3.000 €.

Buchungssätze:

in 2010:

(1)	Beteiligungen	4.000	an	Bank	4.000
(2)	Darlehen	60.000	an	Bank	60.000

Buchung auf Konten:

S	Beteiligungen	H
(1)　　4.000		

S	Darlehen	H
(2) 60.000		

S	Bank	H
	4.000	(1)
	60.000	(2)

Feststellungen der Bp:

Da die o. g. Zinsbeträge dem Bäckermeister weder 2010 noch 2011 auf dem Bankkonto zugegangen sind, sondern lediglich eine Gutschrift bei der Genossenschaft erfolgte, hat der Stpfl. die Zinsen bisher nicht gebucht. Er war der Auffassung, dass diese erst dann zu versteuern seien, wenn sie ihm tatsächlich ausgezahlt werden.

Die Bp kann sich dieser Rechtsauffassung nicht anschließen. Zinsen aus Darlehen sind in dem Kalenderjahr der Besteuerung zu unterwerfen, in dem sie entstanden sind und der Darlehensgeber über sie wirtschaftlich verfügen kann. Die Zinsen entstehen mit Ablauf des Kalenderjahres. Der Stpfl. hat über sie in der Weise verfügt, indem er mit der Gutschrift auf dem Darlehenskonto einverstanden war.

Die Bp erhöht die Darlehensforderung an die e. G. und damit die betrieblichen Erträge des Bäckermeisters um 3.000 € p.a.

Änderungen durch die Bp:

Bilanzposten Darlehen	vor Bp	nach Bp	mehr	Gewinn
31.12.2010	60.000	63.000	3.000	3.000
31.12.2011	60.000	66.000	6.000	3.000

1.21 Rechnungsabgrenzungsposten

Der Heizungsbauer Michael Kalt (verheiratet, zwei erwachsene Kinder) zahlt am 15.8.2010 folgende Versicherungsprämien für die Zeit vom 1.9.2010 bis 31.8.2011 im Voraus:

–	Kfz-Versicherung für Pkw	560
–	Kfz-Versicherung für zweiten Pkw	600
–	Einbruch-Diebstahl-Versicherung Betriebsgebäude	2.400

| – Haftpflichtversicherung | 240 |
| – Lebensversicherung | 1.800 |

Buchungssatz:

in 2010:

| Kfz-Versicherungen | 1.160 | | | |
| Sonst. Versicherungen | 4.440 | an | Bank | 5.600 |

Buchung auf Konten:

S	Bank	H
	5.600	

S	Kfz-Versicherungen	H
1.160		

S	Sonstige Versicherungen	H
4.440		

Feststellungen der Bp:

Die Ermittlungen des Betriebsprüfers ergaben, dass

- der zweite Pkw als Zweitwagen der Familie Kalt ausschließlich privat genutzt wird. Die Anschaffungskosten des Kraftfahrzeugs sind nicht aktiviert. Die Ausgaben für die Versicherung sind daher nichtabzugsfähige Kosten der privaten Lebensführung (§ 12 Nr. 1 EStG);
- es sich bei der Haftpflichtversicherung um eine Privat-Haftpflicht der Familie Kalt handelt. Diese Ausgaben sind daher ebenfalls als Privatentnahmen zu berücksichtigen (§ 12 Nr. 1 EStG);
- die Lebensversicherung eine solche der Ehefrau des Stpfl. ist. Auch diese privaten Aufwendungen sind als Entnahmen zu behandeln (§ 12 Nr. 1 EStG);
- es sich bei den übrigen Versicherungsprämien um Betriebsausgaben (§ 4 Abs. 4 EStG) handelt. Diese Aufwendungen sind jedoch auf die beiden Kalenderjahre 2010 und 2011 zu verteilen (Grundsatz der periodengerechten Gewinnermittlung (§ 5 Abs. 5 Nr. 1 EStG; R 5.6 (1) und (2) EStR 2008). Dazu wird ein aktiver Rechnungsabgrenzungsposten in der Schlussbilanz zum 31.12.2010 wie folgt gebildet:

Kfz-Versicherung	560
Einbruch-Diebstahl-Versicherung	2.400
Gesamt	2.960
davon entfallen auf 2010 (4/12)	987
Rechnungsabgrenzung für 2011	1.973

Erhöhung Privatentnahmen 2010	
Kfz-Versicherung für zweiten Pkw	600
Haftpflichtversicherung	240
Lebensversicherung	1.800
Summe	2.640

Änderungen durch die Bp:

Bilanzposten Aktiver RAP	vor Bp	nach Bp	mehr	Gewinn
31.12.2010	0	1.973	1.973	1.973
31.12.2011	0	0	0	-1.973

Privatentnahmen	vor Bp	nach Bp	mehr	Gewinn
2010	0	2.640	2.640	2.640

1.22   Veräußerung einer Beteiligung

Der Unternehmer Fred Clever verkauft in 2010 seine seit über 10 Jahren zum Betriebsvermögen gehörende 50%-ige Beteiligung an der C-GmbH zum Preis von 400.000 €. Diese Beteiligung steht mit ihren Anschaffungskosten i.H.v. 150.000 € zu Buche, so dass sich ein Veräußerungsgewinn i.H.v. 250.000 € ergibt. Herr Clever beabsichtigt, in den Jahren 2010 und 2011 folgende Investitionen zu tätigen, die er auch tatsächlich realisiert:

2010: Erwerb einer Beteiligung an der D-GmbH   50.000 €

2011: Anschaffung von Maschinen   200.000 €

Da Herr Clever den Gewinn aus dem Verkauf der Beteiligung nicht versteuern möchte, überträgt er den Gewinn teilweise auf die neue Beteiligung, den Rest stellt er in eine Rücklage nach § 6b Abs. 10 EStG ein, die er im Folgejahr auf die angeschafften Maschinen überträgt:

Veräußerungserlös	400.000
Buchwert	-150.000
Veräußerungsgewinn	250.000
Übertragung auf Anteile in 2010	-50.000
Rest-Rücklage zum 31.12.2010	200.000
Übertragung auf Maschinen	-200.000
Rest	0

Buchungssätze:

in 2010:

(1)	Bank	400.000	an	Beteiligungen	150.000
				Erträge Abgang Anlagevermögen	250.000
(2)	Beteiligungen	50.000	an	Bank	50.000
(3)	Aufwand § 6b	50.000	an	Beteiligungen	50.000
(4)	Aufwand § 6b	200.000	an	Rücklage § 6b	200.000

in 2011:

(5)	Maschinen	200.000	an	Bank	200.000
(6)	Rücklage § 6b	200.000	am	Maschinen	200.000

Buchung auf Konten:

S	Beteiligungen		H
(2)	50.000	150.000	(1)
		50.000	(3)

S	Maschinen		H
(5)	200.000	200.000	(6)

S	Bank		H
(1)	400.000	50.000	(2)
		200.000	(5)

S	Rücklage § 6b		H
(6)	200.000	200.000	(4)

S	Erträge Abgang AV		H
		250.000	(1)

S	Aufwand § 6b	H
(3)	50.000	
(4)	200.000	

Feststellungen der Bp:

Der im Jahr 2010 entstandene Veräußerungsgewinn kann grundsätzlich nach § 6b Abs. 10 EStG auf Wirtschaftsgüter übertragen werden, die im Jahr 2010 angeschafft oder hergestellt wurden (§ 6b Abs. 10 Sätze 1–4 EStG). Zulässig ist auch die Bildung einer den Gewinn mindernden Rücklage in Höhe des gesamten Veräußerungsgewinns (§ 6b Abs. 10 Satz 5 EStG).

Übertragung auf Anteile in 2010:

Wird der Gewinn im Jahr der Veräußerung auf neu angeschaffte Anteile an Kapitalgesellschaften übertragen, mindern sich die Anschaffungskosten der neu erworbenen Anteile an Kapitalgesellschaften in Höhe des Veräußerungsgewinns einschließlich des nach § 3 Nr. 40 Satz 1 Buchstabe a und b EStG i.V.m. § 3c Abs. 2 EStG steuerbefreiten Betrages. Die Übertragung des Veräußerungsgewinns von insgesamt 50.000 € auf die Beteiligung D-GmbH resultiert zu 40% aus einem steuerfreien und zu 60% aus einem steuerpflichtigen Teil (§ 6b Abs. 10 Satz 3 EStG). Auch die Bildung der den Gewinn mindernden Rücklage in Höhe des gesamten Restbetrages ist zutreffend (vgl. § 6b Abs. 10 Satz 5 EStG). Diese enthält je zu 60% einen steuerpflichtigen und zu 40% einen steuerfreien Teil.

Übertragung auf Maschinen in 2011:

In 2011 kann die Rücklage gem. § 6b Abs. 10 Satz 6 i.V.m. Satz 2 EStG auf abnutzbare bewegliche Wirtschaftsgüter übertragen werden. Dabei ist jedoch zu beachten, dass nur ein Betrag bis zur Höhe des bei der Veräußerung entstandenen und nicht nach § 3 Nr. 40 Satz 1 Buchstabe a und b EStG i.V.m. § 3c Abs. 2 EStG steuerbefreiten Betrags von den Anschaffungs- oder Herstellungskosten abnutzbarer beweglicher Wirtschaftsgüter abgezogen werden darf. Somit wird letztlich nur der steuerpflichtige Teil der Rücklage auf die angeschafften oder hergestellten Wirtschaftsgüter übertragen.

Nach § 6b Abs. 10 Satz 7 EStG ist die Rücklage zu 40% (steuerfreier Teil) gewinnerhöhend aufzulösen. Nach § 6b Abs. 10 Satz 9 EStG erfolgt für diesen Auflösungsbetrag keine Berechnung eines Gewinnzuschlags. Die Steuerfreistellung dieses Gewinns erfolgt durch eine (außerbilanzielle) Kürzung der Einkünfte.

Veräußerungserlös	400.000
Buchwert	-150.000
Veräußerungsgewinn	250.000
Übertragung auf Anteile in 2010	-50.000
Rest-Rücklage zum 31.12.2010	200.000
Übertragung auf Maschinen (60%)	-120.000
Auflösung nach § 6b Abs. 10 Satz 7 EStG (40%)	-80.000
Rest	0

Anschaffungskosten Maschinen	200.000
Übertragung Rücklage	-120.000
AfA – Bemessungsgrundlage	80.000
AfA (20%)	-16.000
Stand 31.12.2011	64.000

Änderungen durch die Bp:

Bilanzposten Maschinen	vor Bp	nach Bp	mehr	Gewinn
31.12.2011	0	64.000	64.000	64.000

Per Saldo wirkt sich diese Feststellung in 2011 zugunsten des Stpfl. aus:

Steuerfreier Gewinn (Auflösung Rücklage)	-80.000
Erhöhung Bilanzposten Maschinen	64.000
Saldo	-16.000

1.23 Gewerbesteuerrückstellung I

Der Einzelunternehmer Kleinmann hat im Wirtschaftsjahr 2011 vor Bildung der Ge-wSt-Rückstellung einen vorläufigen Handelsbilanz-Gewinn von 100.000 € erzielt. Kleinmann hat bisher keine Vorauszahlungen geleistet. Hinzurechnungen und Kür-zungen nach §§ 8 und 9 GewStG sind nicht vorzunehmen. Der Gewerbesteuer-Hebesatz der Stadt beträgt 300%.

Kleinmann berechnet die Gewerbesteuerrückstellung wie folgt:

Gewinn	100.000
davon 3,5% Messbetrag	3.500
davon 300% Hebesatz	10.500

Buchungssatz:

in 2011:

GewSt-Aufwand   10.500   an   GewSt-Rückstellung   10.500

Buchung auf Konten:

S	GewSt-Aufwand	H
10.500		

S	GewSt-Rückstellung	H
	10.500	

Feststellungen der Bp:

Der Stpfl. Kleinmann hat nicht beachtet, dass bei Einzelunternehmen und Personen-gesellschaften vor Anwendung der Steuermesszahl ein Freibetrag i.h.v. 24.500 € (höchstens jedoch in Höhe des abgerundeten Gewerbeertrags) abzuziehen ist (§ 11 Abs. 1 Nr. 1 GewStG).

Die Steuermesszahl beträgt gem. § 11 Abs. 2 GewStG 3,5% des Gewerbeertrags.

Gewinn vor GewSt		100.000	
Freibetrag		-24.500	
Stpfl. Gewerbeertrag		75.500	
Gewerbesteuermessbetrag		x 3,5%	2.642,50
Gewerbesteuer		x 300 %	7.927,50

Änderungen durch die Bp:

Bilanzposten GewSt-Rückstellung	vor Bp	nach Bp	weniger	Gewinn
31.12.2011	10.500	7.928	2.572	2.572

Anmerkung: Nach § 4 Abs. 5b EStG i.d.F. des Unternehmenssteuerreformgesetzes (vom 14.8.2007) sind die Gewerbesteuer und darauf entfallende Nebenleistungen für Wirtschaftsjahre ab 2008 keine Betriebsausgaben mehr. Ungeachtet dieses Abzugs-verbotes ist in der Steuerbilanz eine Gewerbesteuerrückstellung zu bilden; die Ge-winnauswirkungen sind jedoch außerbilanziell zu neutralisieren.

1.24 Gewerbesteuerrückstellung II

Ein Münchener Unternehmer zahlt im Kalenderjahr 2011 Gewerbesteuer für den Erhebungszeitraum 2010 i.H.v. 7.500 €.

In der Schlussbilanz zum 31.12.2010 hat der Stpfl. bereits einen Betrag i.H.v. 9.000 € zurückgestellt und damit in 2010 als Aufwand behandelt.

In der Bilanz zum 31.12.2011 ist der Betrag immer noch als Rückstellung passiviert.

Buchungssätze:

in 2010:

(1)	GewSt-Aufwand	9.000	an	GewSt-Rückstellung	9.000

in 2011:

(2)	GewSt-Aufwand	7.500	an	Bank	7.500

Buchung auf Konten:

S	GewSt-Rückstellung	H
	9.000	(1)

S	Bank	H
	7.500	(2)

S	GewSt-Aufwand	H
(1)	9.000	
(2)	7.500	

Feststellungen der Bp:

Die Buchung im Kalenderjahr 2010 ist zutreffend erfolgt, auch wenn die später festgesetzte Gewerbesteuer nicht exakt der Rückstellung entspricht. Die Abweichung kann beispielsweise darauf zurückzuführen sein, dass der Stpfl. nicht alle Hinzurechnungen und Kürzungen zutreffend berücksichtigt hat. Der zusätzliche Gewerbesteueraufwand, der bei Zahlung in 2011 gebucht wurde, ist jedoch rückgängig zu machen.

Die Zahlung in 2011 hätte richtigerweise auf dem Konto „GewSt-Rückstellung" im Soll erfolgen müssen, der Restbetrag ist dann gewinnerhöhend aufzulösen.

Änderungen durch die Bp:

Bilanzposten GewSt-Rückstellung	vor Bp	nach Bp	weniger	Gewinn
31.12.2010	9.000	9.000	0	0
31.12.2011	9.000	0	9.000	9.000

1.25 Rückstellung für Abbruchverpflichtung

Der Einzelunternehmer A pachtet ab 1.1.2010 für 12 Jahre ein unbebautes Grundstück und errichtet dort eine Betonmischanlage. A hat sich in dem Pachtvertrag verpflichtet, die Mischanlage nach Ablauf der Pachtdauer am 31.12.2021 zu demontieren und das Grundstück wieder in seinem ursprünglichen Zustand zurückzugeben. Die voraussichtlichen Abbruchkosten betragen nach den Verhältnissen des Bilanzstichtages 31.12.2010 insgesamt 120.000 €, am 31.12.2011 sind diese um 5% auf 126.000 € angestiegen und werden schätzungsweise jährlich um jeweils 5% ansteigen.

A bildet für die Abbruchverpflichtung folgende Rückstellungen:

31.12.2010	120.000/12 Jahre x 1	10.000
31.12.2011	126.000/12 Jahre x 2	21.000

Buchungssätze:

in 2010:

(1)   Grundstücks-Aufwand   10.000   an   Rückstellungen   10.000

in 2011:

(2)   Grundstücks-Aufwand   11.000   an   Rückstellungen   11.000

Buchung auf Konten:

S	Grundstücks-Aufwand	H
(1)	10.000	
(2)	11.000	

S	Rückstellungen	H
	10.000	(1)
	11.000	(2)

Feststellungen der Bp:

Es handelt sich im vorliegenden Falle um eine Sachleistungsverpflichtung und nicht um eine auf eine Geldzahlung gerichtete Verpflichtung. Die dafür zu bildende Rückstellung ist nach § 6 Abs. 1 Nr. 3a Buchst. b EStG mit den Einzelkosten und den angemessenen Teilen der notwendigen Gemeinkosten zu bewerten.

Maßgeblich sind die Wertverhältnisse am Bilanzstichtag. Ausgehend vom Stichtagsprinzip liegt die Ursache für Preis- und Kostensteigerungen, die erst nach dem Bilanzstichtag zu erwarten sind, in der Zukunft. Künftig zu erwartende Preis- und Kostensteigerungen können daher steuerlich nicht berücksichtigt werden.

Da für das Entstehen der Verpflichtung im wirtschaftlichen Sinne der laufende Betrieb ursächlich ist (Nutzung der Mischanlage), ist die Rückstellung nach § 6 Abs. 1 Nr. 3 a Buchstabe d Satz 1 EStG zeitanteilig in gleichen Raten anzusammeln. Diese Regelung wurde von A auch zutreffend berücksichtigt, da er ausgehend von den mutmaßlichen Abbruchkosten am Bilanzstichtag unter Berücksichtigung der Restlaufzeit einen Rückstellungsbetrag ermittelt hat.

Nicht beachtet wurde jedoch, dass die Rückstellung nach § 6 Abs. 1 Nr. 3a Buchstabe e Satz 1 EStG auf die voraussichtliche Restlaufzeit abzuzinsen ist (hierzu vgl. auch BMF-Schreiben vom 26.5.2005, BStBl 2005 I S. 699 sowie BFH-Urteil vom 5.5.2011, BStBl 2012 II S. 98).

Bewertung am Bilanzstichtag 31.12.2010:

Zum 31.12.2010 ist unter Berücksichtigung der Wertverhältnisse am Bilanzstichtag eine Rückstellung von 1/12 anzusetzen, die zusätzlich nach § 6 Abs. 1 Nr. 3a Buchstabe e Satz 1 EStG abzuzinsen ist. Der Beginn der Erfüllung der Sachleistungsverpflichtung (Abbruch) ist voraussichtlich der 31.12.2021 (Ablauf des Pachtvertrages). Am 31.12.2010 ist somit eine Restlaufzeit von 11 Jahren maßgebend.
Nach Tabelle 2 zum o.g. BMF-Schreiben ergibt sich bei einer Restlaufzeit von 11 Jahren ein Vervielfältiger von 0,555.

Bewertung am Bilanzstichtag 31.12.2011:

Am 31.12.2011 ist die Rückstellung unter Berücksichtigung der erhöhten voraussichtlichen Kosten nach den Verhältnissen am Bilanzstichtag 31.12.2011 und einer Restlaufzeit von 10 Jahren anzusetzen.

Nach Tabelle 2 zum o.g. BMF-Schreiben ergibt sich bei einer Restlaufzeit von 10 Jahren ein Vervielfältiger von 0,585.

Der Ansatz in der steuerlichen Gewinnermittlung zu den Bilanzstichtagen beträgt somit:

| 31.12.2010 | 120.000/12 Jahre x 1 | 10.000 | 0,555 | 5.550 |
| 31.12.2011 | 126.000/12 Jahre x 2 | 21.000 | 0,585 | 12.285 |

Änderungen durch die Bp:

Bilanzposten Rückstellung Abbruch	vor Bp	nach Bp	weniger	Gewinn
31.12.2010	10.000	5.550	4.450	4.450
31.12.2011	21.000	12.285	8.715	4.265

1.26 Rückstellung für unterlassene Instandhaltungen

Der Handwerksmeister Grantig hat in seiner Bilanz zum 31.12.2010 eine Rückstellung für unterlassene Instandhaltungen gebildet (§ 249 Abs. 1 Satz 2 Nr. 1 HGB, R 5.7 (11) EStR 2008).

Dabei handelt es sich um größere Instandhaltungsmaßnahmen an den betrieblichen Gebäuden, die ursprünglich schon im Herbst 2010 durchgeführt werden sollten. Da die Durchführung der Arbeiten wegen der schlechten Witterung gescheitert war, sollten die Handwerker nunmehr die aufgeschobenen Arbeiten bis Ende März 2011 erledigen.

Im Jahr 2011 sind insgesamt Aufwendungen i.H.v. 200.000 € angefallen. Diese wurden mit 180.000 € auf dem Rückstellungskonto im Soll gebucht, die weiteren 20.000 € stellen Aufwand des Jahres 2011 dar.

Buchungssätze:

in 2010:

| (1) | Instandhaltungen | 180.000 | an | Rückstellungen | 180.000 |

in 2011:

| (2) | Instandhaltungen | 20.000 | | | |
| | Rückstellungen | 180.000 | an | Bank | 200.000 |

Buchung auf Konten:

S	Rückstellungen	H
(2) 180.000	180.000 (1)	

S	Bank	H
	200.000	(2)

S	Instandhaltungen	H
(1)	180.000	
(2)	20.000	

Feststellungen der Bp:

Der Betriebsprüfer Kleinlich untersucht sämtliche Rechnungen bezüglich der in 2011 gebuchten Instandhaltungsaufwendungen. Anhand der dort angegebenen Fertigstellungsdaten hat er festgestellt, dass einige Maßnahmen erst im April und Mai 2011 durchgeführt und abgeschlossen wurden.

Sowohl handelsrechtlich als auch steuerlich kann die Rückstellung jedoch nur dann anerkannt werden, wenn die unterlassenen Instandhaltungen innerhalb von drei Monaten nach dem Bilanzstichtag nachgeholt werden (§ 249 Abs. 1 Satz 2 Nr. 1 HGB).

Nach den Feststellungen der Bp wurden Maßnahmen i.H.v. 75.000 € erst nach Ablauf der ersten drei Monate des Jahres 2011 durchgeführt. Die Rückstellung zum 31.12.2010 ist daher durch die Bp wie folgt zu kürzen:

Gesamtaufwand 2011	200.000
davon ab April 2011	-75.000
Rückstellung lt. Bp	125.000
Rückstellung vor Bp	180.000
Auflösung	55.000

Änderungen durch die Bp:

Bilanzposten Rückstellung Instandhaltung	vor Bp	nach Bp	weniger	Gewinn
31.12.2010	180.000	125.000	55.000	55.000
31.12.2011	0	0	0	-55.000

Die Feststellung führt im Ergebnis zu einer Verlagerung des Gewinns in das Jahr 2010.

1.27 Rückstellung für Aufbewahrung von Geschäftsunterlagen

Der Groß- und Einzelhändler Kantig betreibt sein Unternehmen in gemieteten Räumen. Damit er der Verpflichtung zur Aufbewahrung seiner Geschäftsunterlagen nachkommen kann, hat er ab 1.1.2011 einen zusätzlichen Raum von 30 qm Größe angemietet und diesen auch mit neuen Regalen (Anschaffungskosten: 3.000 € netto) ausgestattet. Die Miete für den Raum einschließlich aller Nebenkosten beträgt jährlich 1.800 €.

Kantig bildet für die Aufbewahrungsverpflichtung folgende Rückstellung und geht dabei grundsätzlich von einer 10-jährigen Aufbewahrungsdauer aus:

Miete für 10 Jahre	18.000
Abschreibung Regale (noch 9 Jahre)	2.700
Rückstellung gesamt	20.700

Buchungssatz:

in 2011:

     Sonst. Verwaltungskosten   20.700   an   Rückstellungen   20.700

Buchung auf Konten:

S	Sonst. Verwaltungskosten	H
20.700		

S	Rückstellungen	H
	20.700	

Feststellungen der Bp:

Für die zukünftigen Kosten der Aufbewahrung von Geschäftsunterlagen, zu der das Unternehmen nach § 257 HBG und § 147 AO gesetzlich verpflichtet ist, ist im Jahresabschluss eine Rückstellung für ungewisse Verbindlichkeiten i.S.d. § 249 Abs. 1 Satz 1 HGB zu bilden. Dies gilt nach den Grundsätzen ordnungsmäßiger Buchführung auch für das Steuerrecht (vgl. BFH vom 19.8.2002, BStBl 2003 II S. 131).

Es besteht eine konkrete öffentlich-rechtliche Aufbewahrungspflicht, die mit der Entstehung der jeweiligen Geschäftsunterlagen beginnt und deren Missachtung mit Sanktionen belegt ist.

Folgende Aufbewahrungsfristen sind in § 147 AO geregelt:

10 Jahre gelten für:

Bücher und Aufzeichnungen, Inventare, Jahresabschlüsse, Lageberichte, die Eröffnungsbilanz sowie die zu ihrem Verständnis erforderlichen Arbeitsanweisungen und sonstigen Organisationsunterlagen, Buchungsbelege.

6 Jahre gelten für:

die empfangenen Handels- oder Geschäftsbriefe, Wiedergaben der abgesandten Handels- oder Geschäftsbriefe, sonstige Unterlagen, soweit sie für die Besteuerung von Bedeutung sind.

Die Aufbewahrungsfrist läuft nicht ab, soweit und solange die Unterlagen für Steuern von Bedeutung sind, für welche die Festsetzungsfrist noch nicht abgelaufen ist. Dies ist beispielsweise der Fall, wenn Bp für zurückliegende Zeiträume noch nicht abgeschlossen sind.

Nach Ansicht des BFH ist die Rückstellung in Höhe des voraussichtlichen Erfüllungsbetrages zu bilden. Es handelt sich um eine Sachleistungsverpflichtung, die mit den Vollkosten anzusetzen ist.

Hierbei kommen folgende Kosten in Betracht:

– einmaliger Aufwand für die Einlagerung der am Bilanzstichtag noch nicht archivierten Unterlagen für das abgelaufene Wirtschaftsjahr
– auf die Archivräume entfallende Miete, Abschreibung, Instandhaltung, Grundsteuer, Versicherung sowie Heizung und Reinigung
– Abschreibung und sonstige Kosten, z.B. für Regale oder EDV-Anlagen
– anteilige Personalkosten z.B. für Hausmeister

Nicht rückstellungsfähig sind

– Finanzierungskosten
– Kosten für die zukünftige Anschaffung von Regalen und Ordnern
– Kosten der Entsorgung der Unterlagen
– Kosten der Einlagerung zukünftig entstehender Unterlagen

Bei der Berechnung der Rückstellung können die jährlichen Kosten für die Unterlagen eines jeden Jahres gesondert ermittelt und mit der Anzahl der Jahre bis zum Ende der Aufbewahrungsfrist multipliziert werden.

Aus Vereinfachungsgründen können jedoch auch die jährlich anfallenden Raumkosten und Abschreibungen mit dem Faktor 5,5 multipliziert werden (Mittel zwischen einem und zehn Jahren). Dazu sind dann noch einmalige Kosten zu addieren.

Eine Abzinsung nach § 6 Abs. 1 Nr. 3a Buchstabe e EStG kommt ausdrücklich nicht in Betracht (vgl. OFD Hannover vom 27.6.2007; S 2137 – 106 – StO 222/221, SIS 072709).

Der BFH hat in seinem Urteil vom 18.1.2011 (BStBl 2011 II S. 496) die Verwaltungspraxis bestätigt, wonach eine durchschnittliche Aufbewahrungsdauer von 5,5 Jahren nicht zu beanstanden ist.

Neuberechnung durch die Bp:

Miete p.a.	1.800
Abschreibung Regale	300
Aufwand p.a.	2.100
Rückstellung (x 5,5)	11.550

Änderungen durch die Bp:

Bilanzposten Rückstellung Aufbewahrung	vor Bp	nach Bp	weniger	Gewinn
31.12.2011	20.700	11.550	9.150	9.150

1.28   Rückstellung für Altlasten

Die Einzelfirma Karl Müller betreibt einen Kfz-Handel mit Werkstatt auf eigenem Grundstück. Bei einer Betriebsbesichtigung im Jahr 2011 wurde die unsachgemäße Lagerung von Altölfässern entdeckt. Bodenproben ergaben eine nicht unerhebliche Belastung des Erdreichs durch das eingesickerte Altöl. Da jedoch wegen des Untergrundes von dem Altöl keine unmittelbare Umweltgefährdung ausging, hat die Umweltbehörde eine sofortige Sanierung nicht gefordert. Diese könne auch bei Stilllegung des Betriebs erfolgen.

Das Grundstück hat einen Buchwert von 180.000 €, die Sanierungskosten betragen ca. 50.000 €. Ein vergleichbares Grundstück kostet nach den aktuellen Richtwertkarten 210.000 €.

Da Herr Müller davon ausgeht, dass er im Falle eines Verkaufs des Grundstücks nur noch einen Kaufpreis von 160.000 € (210.000 € abzgl. Sanierungskosten) erzielen kann, nimmt er zum 31.12.2011 eine Teilwertabschreibung i.H.v. 20.000 € vor. Gleichzeitig bildet er für die zu erwartenden Sanierungskosten eine Rückstellung i.H.v. 50.000 €

Buchungssätze:

in 2011:

Außerplanmäßige AfA	20.000	an	Grund und Boden	20.000
Instandhaltungskosten	50.000	an	RSt Sanierung	50.000

Buchung auf Konten:

S	Außerplanmäßige AfA	H
20.000		

S	Instandhaltungskosten	H
50.000		

S	Grund und Boden	H
	20.000	

S	Rückstellung Sanierung	H
	50.000	

Feststellungen der Bp:

a) Rückstellung für ungewisse Verbindlichkeiten

Zunächst sind die in R 5.7 Abs. 2 EStR 2008 niedergelegten Grundsätze zur Bildung von Rückstellungen für ungewisse Verbindlichkeiten zu beachten. Danach ist eine Rückstellung u.a. dann zulässig, wenn es sich um eine öffentlich-rechtliche Verpflichtung handelt und mit einer Inanspruchnahme ernsthaft zu rechnen ist. Eine hinreichende Konkretisierung einer öffentlich-rechtlichen Verpflichtung liegt nur dann vor, wenn sich ein inhaltlich bestimmtes Handeln innerhalb eines bestimmbaren Zeitraums unmittelbar durch Gesetz oder Verwaltungsakt ergibt und an die Verletzung der Verpflichtung Sanktionen geknüpft sind (vgl. R 5.7 Abs. 4 Satz 1 FStR 2008).

Nach § 4 Abs. 3 BBodSchG ist zwar der Verursacher einer schädlichen Bodenveränderung oder Altlast verpflichtet, den Boden und Altlasten so zu sanieren, dass dauerhaft keine Gefahren, erhebliche Nachteile oder Belästigungen für den Einzelnen oder die Allgemeinheit entstehen. Allerdings schreiben die Regelungen des

BBodSchG kein inhaltlich bestimmtes Handeln innerhalb eines bestimmbaren Zeitraums vor. Die Erfüllung der Grundpflicht ist auch nicht sanktionsbewehrt.

Deshalb ist im vorliegenden Falle eine Rückstellung für ungewisse Verbindlichkeiten erst zu bilden, wenn die zuständige Behörde einen vollziehbaren Verwaltungsakt erlassen hat (R 5.7 Abs. 4 Satz 2 EStR 2008).

b) Teilwertabschreibung auf den Grund und Boden

Grundsätzlich ist die Frage einer Teilwertabschreibung losgelöst von der Bildung einer Rückstellung für Sanierungsverpflichtungen zu prüfen. Es handelt sich um zwei unterschiedliche Sachverhalte, die im Hinblick auf den Grundsatz der Einzelbewertung und des Vollständigkeitsgebotes unabhängig voneinander zu beurteilen sind.

Zur Ermittlung einer etwaigen Wertminderung des Grundstücks muss dessen beizulegender Wert ermittelt werden. Ausgehend von den Wiederbeschaffungskosten und den geschätzten Sanierungskosten ergibt sich ein Wert von 160.000 € (210.000 € – 50.000 €) und somit ein Abschreibungsbedarf i.h.v. 20.000 €.

Auch steuerlich ist eine Teilwertabschreibung i.h.v. 20.000 € auf den ermittelten Wert zulässig. Zwar ist der Stpfl. grundsätzlich verpflichtet, die Altlast zu beseitigen, allerdings ist nicht zu erwarten, dass der Stpfl. in absehbarer Zeit behördlich zur Beseitigung des Schadens aufgefordert wird. Aus der Sicht am Bilanzstichtag ist daher von einer voraussichtlich dauernden Wertminderung des Grundstücks auszugehen.

c) Wechselwirkung zur Rückstellungsbildung

Liegen die Voraussetzungen für die Bildung einer Rückstellung für eine Sanierungsverpflichtung vor, scheidet eine mit der bestehenden Schadstoffbelastung begründete Teilwertabschreibung oder die Beibehaltung eines niedrigeren Teilwertes gem. § 6 Abs. 1 Nr. 2 Satz 2 und 3 EStG aus, soweit die Sanierung voraussichtlich zu einer Wertaufholung führen wird.

Liegen die Voraussetzungen für die Bildung einer Rückstellung für eine Sanierungsverpflichtung nicht vor, kommt eine Teilwertabschreibung nach § 6 Abs. 1 Nr. 2 Satz 2 EStG in Betracht. Wird die Altlast später beseitigt und erhöht sich dementsprechend der Wert des Grundstücks, ist eine Zuschreibung bis höchstens zu den ursprünglichen Anschaffungskosten vorzunehmen (vgl. BMF-Schreiben vom 25.2.2000, BStBl I S. 372, Tz. 13).

Diese Grundsätze ergeben sich aus dem BFH-Urteil vom 19.11.2003 (BFHE 204 S. 135 und BStBl 2010 II S. 482) sowie dem nachfolgenden BMF-Schreiben vom 11.5.2010 (BStBl 2010 I S. 495).

Änderungen durch die Bp:

Bilanzposten Rückstellung Sanierung	vor Bp	nach Bp	weniger	Gewinn
31.12.2011	50.000	0	50.000	50.000

1.29 Rückstellung für rückständigen Urlaub

Der Einzelunternehmer Klaus Kleister hat in seiner Schlussbilanz zum 31.12.2011 eine Rückstellung für noch nicht genommenen Urlaub seiner Arbeitnehmer i.H.v. 131.250 € gebildet. Diesen Betrag hat er wie folgt berechnet:

Bruttolohn 2011	4.200.000
AG-Anteile Sozialversicherung	650.000
Urlaubsgelder	400.000
Weihnachtsgelder	600.000
Tantiemen leitende Angestellte	250.000
Zuführung zur Jubiläumsrückstellung	200.000
Gesamtaufwand	6.300.000

Kleister beschäftigt 150 Arbeitnehmer, die im Jahr 2011 an insgesamt 240 Tagen gearbeitet haben. Aus der Urlaubskartei ergeben sich insgesamt 750 rückständige Urlaubstage. Die Rückstellung wurde wie folgt berechnet:

Gesamtaufwand	6.300.000
je Arbeitnehmer	42.000
je Arbeitstag	175
x 750 Tage Resturlaub	131.250

Buchungssatz:

in 2011:

        Sonst. Personalkosten   131.250   an   Urlaubsrückstellung   131.250

Buchung auf Konten:

S Urlaubsrückstellung H	
	131.250

S	Sonst. Personalkosten	H
131.250		

Feststellungen der Bp:

Nach den Grundsätzen ordnungsmäßiger Buchführung ist für noch nicht genommenen Urlaub grundsätzlich eine Rückstellung in die Bilanz einzustellen (§ 249 Abs. 1 Satz 1 HGB).

Bei der Ermittlung der Höhe der rückständigen Urlaubsverpflichtung sind das Bruttoarbeitsentgelt, die Arbeitgeberanteile zur Sozialversicherung, das Urlaubsgeld und andere lohnabhängige Nebenkosten zu berücksichtigen. Nicht zu berücksichtigen sind jährlich vereinbarte Sondervergütungen (z. B. Weihnachtsgeld, Tantiemen oder Zuführungen zu Pensions- und Jubiläumsrückstellungen) sowie Gehaltssteigerungen nach dem Bilanzstichtag (vgl. H 6.11 „Urlaubsverpflichtung" EStH 2011 sowie BFH vom 6.12.1995, BStBl 1996 II S. 406 und vom 29.1.2008, BFH/NV 2008 S. 943). Durch die Bp wird daher die Urlaubsrückstellung des Unternehmers Kleister ohne Einbeziehung der Weihnachtsgelder, Tantiemen und Zuführungsbeträge zur Jubiläumsrückstellung wie folgt neu berechnet:

Bruttolohn 2011	4.200.000
AG-Anteile Sozialversicherung	650.000
Urlaubsgelder	400.000
Gesamtaufwand	5.250.000
je Arbeitnehmer	35.000
je Arbeitstag (gerundet)	146
x 750 Tage Resturlaub	109.500

Änderungen durch die Bp:

Bilanzposten Rückstellung Urlaubsverpflichtung	vor Bp	nach Bp	weniger	Gewinn
31.12.2011	131.250	109.500	21.750	21.750

Anmerkung:

Entgegen der bisher herrschenden Meinung ist nach Ansicht des FG Rheinland-Pfalz das 13. Monatsgehalt (Weihnachtsgeld) bei der Berechnung der Rückstellung für noch ausstehenden Urlaub zu berücksichtigen, weil diese Zahlungen nach Auffassung des Gerichts als Gegenleistung für die Tätigkeit in den einzelnen Abrechnungszeiträumen anzusehen ist (Urteil vom 15.3.2006, 1 K 2369/03, EFG 2006 S. 1503, rkr.). Dadurch würde sich die Berechnung wie folgt ändern:

Bruttolohn 2011	4.200.000
AG-Anteile Sozialversicherung	650.000
Urlaubsgelder	400.000
Weihnachtsgelder	600.000
Gesamtaufwand	5.850.000
je Arbeitnehmer	39.000
je Arbeitstag (gerundet)	163
x 750 Tage Resturlaub	122.250

Nach dieser Berechnungsmethode würde die Rückstellung nur um 9.000 € gekürzt.

1.30 Rückstellung für Substanzerhaltung

Der Unternehmer Willibald Emsig hat mit Wirkung ab 1.1.2010 einen ganzen Betrieb einschließlich aller Maschinen und Anlagen gepachtet. Der zwischen ihm und dem Verpächter abgeschlossene Vertrag sieht eine Substanzerhaltungsverpflichtung auf Seiten des Pächters vor (sog. „Eiserne Verpachtung").

Dies bedeutet, dass Herr Emsig verpflichtet ist, veraltete oder unbrauchbar gewordene Pachtanlagegüter zu ersetzen oder in gleichem Zustand wie zu Pachtbeginn zurückzugeben.

Zu Beginn des Pachtverhältnisses am 1.1.2010 werden neuwertige Maschinen zu einem Schätzwert von 500.000 € überlassen. Deren Restnutzungsdauer beträgt 10 Jahre.

Der Pächter bildet eine Rückstellung für die Wiederbeschaffung der Maschinen in 10 Jahren. Hierbei ist zum 31.12.2010 von einem Wiederbeschaffungspreis von 520.000 € und zum 31.12.2011 von 550.000 € auszugehen.

Substanzerhaltungs-Rückstellung:

31.12.2010	520.000/10 Jahre x 1	52.000
31.12.2011	550.000/10 Jahre x 2	110.000

Buchungssätze:

in 2010:

(1)   Pachtaufwand   52.000   an   RSt Substanzerhaltung   52.000

in 2011:

(2)   Pachtaufwand   58.000   an   RSt Substanzerhaltung   58.000
Buchung auf Konten:

S	RSt Substanzerhaltung	H
	52.000	(1)
	58.000	(2)

S	Pachtaufwand	H
(1)	52.000	
(2)	58.000	

Feststellungen der Bp:

Die Verpflichtung des Pächters, die zur Nutzung übernommenen Pachtgegenstände bei Beendigung der Pacht zurückzugeben, muss sich in seiner Bilanz gewinnwirksam widerspiegeln. Der Pächter Emsig muss den Erfüllungsrückstand (noch nicht eingelöste Verpflichtung zur Substanzerhaltung) erfolgswirksam durch Passivierung einer Rückstellung ausweisen, auch wenn diese Verpflichtung noch nicht fällig ist (BFH-Urteil vom 3.12.1991, BStBl 1993 II S. 89). Der Bilanzposten entwickelt sich korrespondierend mit jenem des Verpächters wegen seines Anspruchs auf Substanzerhaltung (vgl. H 6.11 „Eiserne Verpachtung" EStH 2011 sowie Anhang 16, VII EStR 2008; BMF-Schreiben vom 21.2.2002, BStBl 2002 I S. 262).

Das der Rückgabeverpflichtung unterliegende Anlagevermögen bleibt im zivilrechtlichen und wirtschaftlichen Eigentum des Verpächters und ist diesem auch weiterhin zuzurechnen. Dieser bilanziert die entsprechenden Wirtschaftsgüter und kann Abschreibungen vornehmen.
Kommt es zur Ersatzbeschaffung durch den Pächter, gelangen die ersetzten Wirtschaftsgüter in das Eigentum des Verpächters, so dass dieser die vom Pächter aufgewendeten Anschaffungs- oder Herstellungskosten zu aktivieren hat.

Der Pächter löst die entsprechende Rückstellung im Zeitpunkt der Ersatzbeschaffung auf. Sofern sich die gebildete Rückstellung relativ genau an den aufzuwendenden Wiederbeschaffungskosten orientiert hat, wird sich im Jahr der Ersatzbeschaffung kein zusätzlicher Aufwand ergeben. Sollte die Rückstellung allerdings zu niedrig gebildet worden sein (wegen der Schwierigkeit der zutreffenden Vorhersage der Wiederbeschaffungskosten), ergibt sich in Höhe des Mehrbetrages beim Pächter ein sofort abziehbarer Aufwand.

Für die hier maßgebenden Stichtage ist die Rückstellung nach § 6 Abs. 1 Nr. 3a Buchstabe e EStG zusätzlich mit einem Zinssatz von 5,5% abzuzinsen. Hierbei ist der Zeitraum zwischen Bilanzstichtag und dem der Rückstellungsberechnung zugrunde gelegten Wiederbeschaffungszeitpunkt maßgebend (Vervielfältiger gem. Tabelle 2 zum BMF-Schreiben vom 26.5.2005, BStBl 2005 I S. 699).

| 31.12.2010 | 9 Jahre | 520.000/10 x 1 | 52.000 | 0,618 | 32.136 |
| 31.12.2011 | 8 Jahre | 550.000/10 x 2 | 110.000 | 0,652 | 71.720 |

Änderungen durch die Bp:

Bilanzposten Rückstellung Substanzerhaltung	vor Bp	nach Bp	weniger	Gewinn
31.12.2010	52.000	32.136	19.864	19.864
31.12.2011	110.000	71.720	38.280	18.416

1.31 Rückstellung für Garantiearbeiten

Der Unternehmer Hans Moser stellt in seinem Betrieb Wettermessstationen her, die für die Verwendung im privaten Bereich geeignet sind und sowohl die Innen- und Außentemperatur als auch den Luftdruck anzeigen. Eine Wettermessstation wird jeweils zum Netto-Preis von 50 € verkauft.

Die Herstellungskosten je Stück ermittelt Herr Moser wie folgt:

Einzelkosten (Material und Lohn)	10
Material- und Fertigungsgemeinkosten	14
Kosten für Forschung u. Entwicklung	2
Freiwillige Sozialleistungen	1
Verwaltungskosten	3
Vertriebskosten	5
Gesamtaufwand je Station	35

Im Jahr 2011 hat Herr Moser insgesamt 6000 Stück verkauft. Nach den Erfahrungen der Vergangenheit treten innerhalb des ersten Jahres folgende Garantiefälle auf:

In etwa 10% der Fälle (das sind 600 Stück für 2011) werden die Geräte von den Kunden beanstandet. Diese Garantiefälle werden jedoch völlig unterschiedlich abgewickelt. Herr Moser bildet hierfür auf Basis der Vollkosten eine Rückstellung für Garantiearbeiten:

Fallgruppen	Stück	Kosten	Rückstellung
Geldrückgabe	150	50	7.500
Gewährung neuer Stationen	250	35	8.750
Reparatur durch Fremdfirma	100	10	1.000
Reparatur durch eigene Mitarbeiter	100	20	2.000
Summen	600		19.250

Buchungssatz:

in 2011:

    Garantieaufwand   19.250   an   Garantierückstellung   19.250

Buchung auf Konten:

S	Garantierückstellung	H
		19.250

S	Garantieaufwand	H
19.250		

Feststellungen der Bp:

Nach den Grundsätzen ordnungsmäßiger Buchführung ist für durchzuführende Garantieleistungen grundsätzlich eine Rückstellung in die Bilanz einzustellen (§ 249 Abs. 1 Satz 1 HGB).

Bei den in der Zukunft durchzuführenden Garantiearbeiten handelt es sich um eine Sachleistungsverpflichtung i.S.d. § 6 Abs. 1 Nr. 3a Buchstabe b EStG, die mit den Einzelkosten und den angemessenen Teilen der notwendigen Gemeinkosten zu bewerten ist. Der Ansatz der Vollkosten ist nicht zulässig.

Im vorliegenden Falle sind die Grundsätze für die Ermittlung der Herstellungskosten für selbst hergestellte Wirtschaftsgüter zu beachten (vgl. R 6.3 EStR 2008 und § 255 HGB). Danach sind als notwendige Gemeinkosten die Material- und Produktionsgemeinkosten bei der Rückstellungsbildung einzubeziehen.

Aufwendungen für Forschung und Entwicklung, freiwillige Sozialleistungen sowie Verwaltungs- und Vertriebskosten sind allerdings nicht in die Bemessung der Rückstellung einzurechnen.

Anhand dieser Grundsätze ermittelt die Bp die Rückstellung auf den 31.12.2011 neu (Anmerkung: in den Fällen der Reparatur durch eigene Mitarbeiter hat Moser 4 € allgemeine Verwaltungskosten berechnet):

Fallgruppen	Stück	Kosten lt. Bp	Rückstellung
Geldrückgabe	150	50	7.500
Gewährung neuer Stationen	250	24	6.000
Reparatur durch Fremdfirma	100	10	1.000
Reparatur durch eigene Mitarbeiter	100	16	1.600
Summen	600		16.100

Änderungen durch die Bp:

Bilanzposten Rückstellung Garantieleistungen	vor Bp	nach Bp	weniger	Gewinn
31.12.2011	19.250	16.100	3.150	3.150

1.32 Abzinsung Ratendarlehen

Der Einzelunternehmer Groß hat mit einem Geschäftsfreund zur Finanzierung einer betrieblichen Investition am 1.8.2010 einen Vertrag über ein Darlehen von 12.000 € abgeschlossen. Nach den Bedingungen im Vertrag ist das Darlehen unverzinslich und in gleichen monatlichen Raten, erstmals zum 1.9.2010 i.H.v. 500 € zurückzuzahlen. Der Darlehensstand entwickelt sich wie folgt:

1.8.2010	Zugang Darlehen	12.000
9-12/2010	Tilgung 4 x 500 €	-2.000
31.12.2010		10.000
1-12/2011	Tilgung 12 x 500 €	-6.000
31.12.2011		4.000

Die letzte Rate ist fällig am 1.8.2012. Groß passiviert in den Bilanzen die jeweiligen Restdarlehensbeträge mit ihrem Nennwert.

Buchungssätze:

in 2010:

(1)   Bank   12.000   an   Darlehen   12.000

(2)   Darlehen   2.000   an   Bank   2.000

in 2011:

(3)   Darlehen   6.000   an   Bank   6.000

Buchung auf Konten:

S	Bank		H
(1)	12.000	2.000	(2)
		6.000	(3)

S	Darlehen		H
(2)	2.000	12.000	(1)
(3)	6.000		

Feststellungen der Bp:

Nach § 6 Abs. 1 Nr. 3 i.V.m. § 6 Abs. 1 Nr. 2 EStG ist die Darlehensverpflichtung zum 31.12.2010 mit einem Zinssatz von 5,5% abzuzinsen, weil es sich um eine unverzinsliche Verbindlichkeit handelt, deren Laufzeit am Bilanzstichtag mehr als 12 Monate beträgt. Demzufolge unterbleibt zum 31.12.2011 eine Abzinsung.

Bei der Abzinsung von unverzinslichen Verbindlichkeiten, die in gleichen Jahresraten getilgt werden, ist zunächst die maßgebende Restlaufzeit am Bilanzstichtag zu ermitteln. Diese endet mit Fälligkeit der letzten Rate am 1.8.2012, so dass die Restlaufzeit am 31.12.2010 noch 1 Jahr, 7 Monate und 1 Tag beträgt.

Der Jahreswert ergibt sich als Summe der monatlichen Raten mit 500 € x 12 Monate = 6.000 €.

Für die Ermittlung des maßgebenden Vervielfältigers sind die Anweisungen im BMF-Schreiben vom 26.5.2005, BStBl 2005 I S. 699 zu beachten. Nach Tz. 10 i.V.m. Tz. 2 erfolgt die Bewertung einer unverzinslichen Verbindlichkeit, die in gleichen Jahresraten getilgt wird, auf der Grundlage der Tabelle 3 zu dem genannten BMF-Schreiben. Bewertung am Bilanzstichtag 31.12.2010:

Vervielfältiger für 2 Jahre		1,897
Vervielfältiger für 1 Jahr		0,974
Differenz		0,923
für 7 Monate (210 Tage) + 1 Tag	211/360	0,541

Maßgebender Vervielfältiger	0,974 + 0,541	1,515
Jahreswert		6.000
Kapitalwert		9.090

Änderungen durch die Bp:

Bilanzposten Darlehen	vor Bp	nach Bp	weniger	Gewinn
31.12.2010	10.000	9.090	910	910
31.12.2011	4.000	4.000	0	-910

1.33 Ehegatten-Arbeitsverhältnis

Der Konditor Max Schlecker (kinderlos, evangelisch) beschäftigt im Kalenderjahr 2011 in seinem Betrieb auch seine Ehefrau Mini (römisch-katholisch). Frau Schlecker bedient die Kunden im Geschäft und kümmert sich um die Buchhaltungsarbeiten. Nach ihrem schriftlichen Arbeitsvertrag hat sie Anspruch auf ein monatliches Gehalt von:

	AN-Anteil		AG-Anteil
brutto	2.000,00		
Lohnsteuer (St.-Kl. III)	-39,83		
rk. KiSt	-1,79		
ev. KiSt	-1,79		
Rentenversicherung	-199,00		199,00
Arbeitslosenversicherung	-30,00		30,00
Krankenversicherung	-164,00		146,00
Pflegeversicherung	-24,50		19,50
Auszahlungsbetrag	1.539,09	Summe	394,50

Aufgrund der Erhöhung des Arbeitnehmerpauschbetrages für 2011 beträgt die Lohnsteuer für Dezember nur 26,66 € und die Kirchensteuer jeweils nur 1,20 €. Mithin beläuft sich der auszuzahlende Betrag auf 1.553,44 €.

Herr Schlecker zahlt den Arbeitgeberanteil zur Sozialversicherung i.H.v. 394,50 € monatlich. Sozialversicherungsbeiträge sowie Lohn- und Kirchensteuer werden monatlich abgeführt. Da die Umsätze des Konditorgeschäfts im Jahre 2011 stark rückläufig sind und zusätzlich eine neue Kühltheke angeschafft werden musste, erfolgten die Lohnzahlungen an Frau Schlecker nur unregelmäßig:

15.4.	800
26.5.	1.200
17.8.	750
30.9.	1.150
31.12.	1.500
gesamt	5.400

In der Schlussbilanz zum 31.12.2011 ist eine Verbindlichkeit an die Ehefrau des Stpfl. in folgender Höhe ausgewiesen:

11 x 1.539,09	16.929,99
1 x 1.553,44	1.553,44
bisherige Zahlungen	-5.400,00
Verbindlichkeit	13.083,43

Buchungssätze:

in 2011:

(1)	Löhne und Gehälter	800,00	an	Kasse	800,00
(2)	Löhne und Gehälter	1.200,00	an	Kasse	1.200,00
(3)	Löhne und Gehälter	750,00	an	Kasse	750,00
(4)	Löhne und Gehälter	1.150,00	an	Kasse	1.150,00
(5)	Löhne und Gehälter	1.500,00	an	Kasse	1.500,00
(6)	Soz. Versicherung	9.744,00	an	Bank	9.744,00
(7)	Lohn- u. Kirchensteuer	506,57	an	Bank	506,57
(8)	Löhne u. Gehälter	13.083,43	an	Sonst. Verbindlichkeiten	13.083,43

Buchung auf Konten:

S	Bank	H	
		9.744,00	(6)
		506,57	(7)

S	Kasse	H	
		800,00	(1)
		1.200,00	(2)
		750,00	(3)
		1.150,00	(4)
		1.500,00	(5)

S	Sonst. Verbindlichkeiten	H	
		13.083,43	(8)

S	Löhne und Gehälter	H
(1)	800,00	
(2)	1.200,00	
(3)	750,00	
(4)	1.150,00	
(5)	1.500,00	
(8)	13.083,43	

S	Lohn- und Kirchensteuer	H
(7)	506,57	

S	Soz. Versicherung	H
(6)	9.744,00	

Feststellungen der Bp:

Das Gehalt eines Arbeitnehmer-Ehegatten ist grundsätzlich als Betriebsausgabe nach § 4 Abs. 4 EStG beim Arbeitgeber-Ehegatten abzugsfähig.

Das Arbeitsverhältnis muss jedoch ernsthaft vereinbart und dementsprechend tatsächlich durchgeführt werden (R 4.8 (1) EStR, H 4.8 „Fremdvergleich" EStH 2011). Die vertragliche Gestaltung und deren Durchführung muss auch unter Dritten üblich sein. Hieran fehlt es bei den Eheleuten Schlecker, denn zur Ernsthaftigkeit eines Arbeitsverhältnisses gehört auch, dass das vereinbarte Gehalt zum üblichen Zahlungszeitpunkt tatsächlich gezahlt wird (H 4.8 „Arbeitsverhältnisse zwischen Ehegatten" EStH 2011, BFH vom 25.7.1991, BStBl 1991 II S. 842; Abgrenzung zu BFH vom 26.6.1996, BFH/NV 1997 S. 182).

Durch die Bp sind daher sämtliche Aufwendungen, die mit dem Arbeitsverhältnis zusammenhängen, nicht als Betriebsausgaben anzuerkennen (H 4.8 „Rechtsfolgen bei fehlender Anerkennung" EStH 2011). Vielmehr handelt es sich um Privatentnahmen:

Bruttogehälter 12 x 2.000 €	24.000,00
AG-Anteile zur Sozial-Versicherung 12 x 394,50 €	4.734,00
Gesamt	28.734,00

Änderungen durch die Bp:

Privatentnahmen	vor Bp	nach Bp	mehr	Gewinn
2011	0	28.734	28.734	28.734

Anmerkung:

Durch die Bp wird der zuständigen Veranlagungsstelle der obige Sachverhalt mitgeteilt, damit bei der Einkommensteuer-Veranlagung die Einkünfte aus nichtselbständiger Arbeit entsprechend gemindert werden und dadurch eine Doppelbesteuerung vermieden wird. Die steuerliche Auswirkung ergibt sich wie folgt:

Mehr Einkünfte aus Gewerbebetrieb (darauf GewSt-Nachzahlung)	28.734
weniger Einkünfte aus nichtselbständiger Arbeit	24.000
Differenz (darauf ESt- und KiSt-Nachzahlung)	4.734

1.34 Private Kfz-Nutzung I

Der Juwelier Hans Collier hat am 2.1.2011 einen neuen Pkw der Marke Mercedes-Benz zum Preis von netto 48.000 € (Listenpreis) zzgl. 9.120 € Umsatzsteuer erworben. Das Fahrzeug wird auf eine betriebsgewöhnliche Nutzungsdauer von 5 Jahren abgeschrieben. Herr Collier nutzt das Fahrzeug im Jahr 2011 unstreitig zu 25% für betriebliche und zu 75% für private Zwecke. Weitere Kosten sind im Jahr 2011 entstanden:

Versicherung	1.200	ohne USt
Steuer	400	ohne USt
Benzin (20.000 km x 8l x 1,65 €)	2.640	mit USt
Werkstatt, Sonstiges	1.960	mit USt
gesamt	6.200	

Herr Collier ermittelt den privaten Nutzungsanteil nach der 1%-Regelung:

Anschaffungskosten (Bemessungsgrundlage)	48.000	
davon 1% je Monat	480	
für das gesamte Jahr	5.760	5.760
abzgl. 20% für Eingangsleistungen ohne USt	-1.152	
Privatanteil Kfz-Nutzung (nur für USt-Zwecke)	4.608	
Umsatzsteuer darauf (gerundet)	876	876
Privatentnahme		6.636

Buchungssätze:

in 2011:

(1)	Pkw	48.000				
	Vorsteuer	9.120	an	Bank		57.120

(2)	Kfz-Kosten	6.200			
	Vorsteuer	874	an	Bank	7.074
(3)	Abschreibungen	9.600	an	Pkw	9.600
(4)	Entnahmen	6.636	an	Erträge Kfz-Nutzung	5.760
				Umsatzsteuer	876

Buchung auf Konten:

S	Pkw		H
(1)	48.000	9.600	(3)

S	Bank		H
		57.120	(1)
		7.074	(2)

S	Vorsteuer		H
(1)	9.120		
(2)	874		

S	Umsatzsteuer		H
		876	(4)

S	Kfz-Kosten		H
(2)	6.200		

S	Abschreibungen		H
(3)	9.600		

S	Erträge Kfz Nutzung		H
		5.760	(4)

S	Privatentnahmen		H
(4)	6.636		

Feststellungen der Bp:

Die Buchung des Fahrzeuges als Anlagevermögen ist möglich, da die betriebliche Nutzung zwischen 10% und 50% liegt. Es handelt sich um gewillkürtes Betriebsvermögen (vgl. R 4.2 (1) Satz 6 EStR 2008).

Die Inanspruchnahme des vollen Vorsteuerabzugs ist zulässig, da das Fahrzeug zu mindestens 10% für das Unternehmen genutzt wird (§ 15 Abs. 1 Satz 2 UStG, Abschnitt 15.2 Abs. 21 Nr. 2 UStAE, BMF-Schreiben vom 27.8.2004, BStBl 2004 I S. 864 sowie Verweis in BMF-Schreiben vom 18.11.2009, BStBl 2009 I S. 1326 unter Rdnr. 35). Auch die Erfassung der übrigen Kosten ist zutreffend erfolgt.

Für die private Nutzung des Fahrzeugs ist eine Privatentnahme gem. § 4 Abs. 1 Satz 2 EStG i.V.m. § 6 Abs. 1 Nr. 4 EStG anzusetzen.

Aufgrund der Regelung des § 6 Abs. 1 Nr. 4 Satz 2 EStG ist jedoch die Anwendung der 1%-Regelung auf Fahrzeuge des Betriebsvermögens davon abhängig, dass die betriebliche Nutzung mehr als 50% beträgt.

Im vorliegenden Falle handelt es sich um ein Fahrzeug des gewillkürten Betriebsvermögens (betriebliche Nutzung zwischen 10% und 50%), so dass der Wert für die Privatentnahme nach § 6 Abs. 1 Nr. 4 Satz 1 EStG zu ermitteln und mit den auf die geschätzte private Nutzung entfallenden tatsächlichen Selbstkosten anzusetzen ist. (vgl. BMF-Schreiben vom 18.11.2009, Rdnr. 31). Der private Nutzungsanteil ist vom Stpfl. im Rahmen allgemeiner Darlegungs- und Beweislastregeln nachzuweisen oder glaubhaft zu machen. Die Führung eines Fahrtenbuches ist dazu nicht zwingend erforderlich.

Für Zwecke der Umsatzsteuer ist die nichtunternehmerische Nutzung des Fahrzeugs nach § 3 Abs. 9a Nr. 1 UStG als unentgeltliche Wertabgabe der Besteuerung zu unterwerfen. Als Bemessungsgrundlage sind dabei nach § 10 Abs. 4 Satz 1 Nr. 2 UStG die Kosten anzusetzen, soweit sie zum vollen oder teilweisen Vorsteuerabzug berechtigt haben (BMF-Schreiben vom 27.8.2004, unter 2.).

Neuberechnung durch die Bp:

Abschreibung	9.600	9.600	mit USt
Kosten	4.600	4.600	mit USt
Kosten	1.600	0	ohne USt
Gesamt	15.800	14.200	
davon 75%	11.850	10.650	
USt auf 10.650	2.024		
Privatentnahme	13.874		

Änderungen durch die Bp:

Bilanzposten Umsatzsteuer	vor Bp	nach Bp	mehr	Gewinn
31.12.2011	876	2.024	1.148	-1.148

Privatentnahmen	vor Bp	nach Bp	mehr	Gewinn
2011	6.636	13.874	7.238	7.238

1.35 Private Kfz-Nutzung II

Die Einzelunternehmerin Frieda Freitag nutzt einen zum Betriebsvermögen gehörenden Pkw (Bruttolistenpreis 28.000 €) auch für Fahrten zwischen Wohnung und Betrieb (Entfernung 35 km). Im Übrigen wird das Fahrzeug zu mehr als 50% für betriebliche Zwecke genutzt.

Für diesen Pkw sind im Wirtschaftsjahr 2011 nachweislich 5.800 € Gesamtkosten
angefallen. Der Pkw wurde an 180 Tagen für Fahrten zwischen Wohnung und Betrieb benutzt. Ein Fahrtenbuch wird von der Stpfl. nicht geführt.

Die nicht abziehbaren Betriebsausgaben und der private Nutzungswertanteil wurden
von der Stpfl. pauschal wie folgt ermittelt:

1. Private Nutzung (§ 6 Abs. 1 Nr. 4 EStG)

28.000 € x 1% x 12 Monate	3.360

2. Nicht abziehbare Betriebsausgaben (§ 4 Abs. 5 Satz 1 Nr. 6 EStG)

28.000 € x 0,03% x 35 km x 12 Monate	3.528
Entfernungspauschale (180 Tage x 35 km x 0,35€)	1.890
nicht abziehbare Betriebsausgabe	1.638

(Anmerkung: Die Umsatzsteuer soll in diesem Fall nicht besprochen werden).

Buchungssatz:

in 2011:

Entnahmen	3.360	an	Erträge Kfz-Nutzung	3.360

Die nichtabziehbaren Betriebsausgaben nach § 4 Abs. 5 Satz 1 Nr. 6 EStG werden
nicht als Privatentnahmen gebucht, sondern bei der Ermittlung des steuerlichen Gewinns mit 1.638 € außerhalb der Bilanz hinzugerechnet.

Buchung auf Konten:

S	Privatentnahmen	H
3.360		

S	Erträge Kfz-Nutzung	H
		3.360

Feststellungen der Bp:

Der Betriebsprüfer untersucht im Rahmen der Außenprüfung auch die Wertansätze für die private Kfz-Nutzung und für Fahrten zwischen Wohnung und Betrieb. Dabei stellt er fest, dass die pauschalen Wertansätze (Summe: 6.888 €) die entstandenen Gesamtkosten (5.800 €) übersteigen. Es liegt ein Fall der Kostendeckelung vor (BMF-Schreiben vom 18.11.2009, BStBl I S. 1326). Der Ansatz für Privatfahrten sowie für Fahrten zwischen Wohnung und Arbeitsstätte wird auf die Höhe der Gesamtkosten beschränkt. Dem Unternehmer muss dabei mindestens ein Betriebsausgabenabzug i.H.d. Entfernungspauschale verbleiben.

Durch die Kostendeckelung ändert sich die außerbilanzielle Hinzurechnung wie folgt:

Gesamtkosten lt. Buchhaltung	5.800
Entfernungspauschale (180 Tage x 35 km x 0,30 €)	-1.890
Höchstbetrag der pauschalen Wertansätze	3.910
abzgl. Privatnutzung	-3.360
außerbilanzielle Hinzurechnung nach Prüfung	550
außerbilanzielle Hinzurechnung vor Prüfung	1.638
Minderung der Zurechnung	1.088

Somit hat sich die Feststellung der Bp i.H.v. 1.088 € zugunsten der Stpfl. ausgewirkt.

Änderungen durch die Bp:

Außerbilanzielle Zurechnung	vor Bp	nach Bp	weniger	Einkünfte aus Gewerbebetrieb
2011	1.638	550	1.088	-1.088

1.36 Betrieblicher Telefonanschluss

Der Einzelunternehmer Alfons Müller hat am 3.1.2010 eine neue Telefonanlage für
2.000 € zzgl. 19% Umsatzsteuer angeschafft. Herr Müller schreibt die Anlage auf
eine Nutzungsdauer von 5 Jahren linear ab.
Im Kalenderjahr 2010 fallen im Unternehmen Telefonkosten i.H.v. netto 1.800 €, im
Kalenderjahr 2011 Kosten i.H.v. netto 2.100 € an.
Für die private Nutzung geht Herr Müller von einem Anteil i.H.v. 20% aus:

2010: 1.800 x 20%	360
2011: 2.100 x 20%	420

Buchungssätze:

in 2010:

(1)	Telefon-Anlage	2.000			
	Vorsteuer	380	an	Bank	2.380
(2)	Telefonkosten	1.800			
	Vorsteuer	342	an	Bank	2.142
(3)	Abschreibungen	400	an	Telefon-Anlage	400
(4)	Entnahmen	360	an	a. o. Erträge	360

in 2011:

(5)	Telefonkosten	2.100			
	Vorsteuer	399	an	Bank	2.499
(6)	Abschreibungen	400	an	Telefon-Anlage	400
(7)	Entnahmen	420	an	a. o. Erträge	420

Buchung auf Konten:

S	Telefon-Anlage		H
(1)	2.000	400	(3)
		400	(6)

S	Bank		H
		2.380	(1)
		2.142	(2)
		2.499	(5)

S	Vorsteuer		H
(1)	380		
(2)	342		
(5)	399		

S	Telefonkosten	H
(2)	1.800	
(5)	2.100	

S	Abschreibungen	H
(3)	400	
(6)	400	

S	a. o. Erträge	H
		360 (4)
		420 (7)

S	Entnahmen	H
(4)	360	
(7)	420	

Feststellungen der Bp:

Zwischen dem Betriebsprüfer und Herr Alfons Müller ist aufgrund der Untersuchungen des Prüfers zunächst unstrittig, dass für die vom betrieblichen Telefon aus geführten Privatgespräche ein Anteil von 20% anzusetzen ist.

Die Buchung des Anschaffungsvorgangs einschließlich des Vorsteuerabzugs für die neue Telefonanlage in 2010 ist zutreffend erfolgt. Die Telefonkosten 2010 und 2011 wurden zwar richtigerweise als Betriebsausgaben erfasst. Jedoch sind die auf die Grund- und Gesprächsgebühren entfallenden Vorsteuerbeträge in einen abziehbaren (hier: 80%) und einen nichtabziehbaren Anteil (hier: 20%) aufzuteilen, da i.H.v. 20% keine Leistung an das Unternehmen erbracht wird (§ 15 Abs. 1 Nr. 1 UStG, Abschnitt 15.2 Abs. 21 Nr. 1 UStAE). Somit ist der Vorsteuerabzug wie folgt zu korrigieren:

	Vorsteuer
2010: 342 x 20%	68,40
2011: 399 x 20%	79,80

Die private Nutzung eigener betrieblicher Telefongeräte unterliegt als unentgeltliche Wertabgabe gem. § 3 Abs. 9a Satz 1 Nr. 1 UStG der Umsatzsteuer. Bemessungsgrundlage ist nach § 10 Abs. 4 Nr. 2 UStG die anteilige Abschreibung:

Wertabgabe	Bemessungsgrundlage	Umsatzsteuer
2010: 400 x 20%	80,00	15,20
2011: 400 x 20%	80,00	15,20

Hinzuweisen ist auf das BFH-Urteil vom 23.9.1993, BStBl 1994 II S. 200 sowie auf das BMF-Schreiben vom 15.2.1994, BStBl 1994 I S. 194 (weiterhin anzuwenden gem. BMF-Schreiben vom 4.4.2011, BStBl 2011 I S. 356, Anlage Nr. 1127).

	2010	2011
mehr Umsatzsteuer	15,20	15,20
weniger Vorsteuer	68,40	79,80
gesamt	83,60	95,00

Änderungen durch die Bp:

USt-Schuld	vor Bp	nach Bp	mehr	Gewinn
31.12.2010	0,00	83,60	83,60	-83,60
31.12.2011	0,00	178,60	178,60	-95,00

1.37 Privater Telefonanschluss

Der Einzelunternehmer Uwe Meyer betreibt in Hanau ein Lederwarengeschäft. Von seiner Wohnung in Gießen aus führt er – neben den üblichen privaten – auch betrieblich veranlasste Telefongespräche. Außerdem rufen im Laufe des Jahres zahlreiche Kunden bei ihm zu Hause an.

Im Jahre 2011 fallen bei Familie Meyer folgende Telefongebühren an:

Monat	Grund-gebühr	Gespräche	Zwischen-summe	Umsatz-steuer	Gesamt
Januar	20,65	67,35	88,00	16,72	104,72
Februar	20,65	58,20	78,85	14,98	93,83
März	20,65	72,85	93,50	17,77	111,27
April	20,65	76,00	96,65	18,36	115,01
Mai	20,65	66,65	87,30	16,59	103,89
Juni	20,65	62,50	83,15	15,80	98,95
Juli	20,65	59,20	79,85	15,17	95,02
August	20,65	61,90	82,55	15,68	98,23
September	20,65	68,10	88,75	16,86	105,61
Oktober	20,65	72,95	93,60	17,78	111,38
November	20,65	57,45	78,10	14,84	92,94
Dezember	20,65	69,40	90,05	17,11	107,16
	247,80	792,55	1.040,35	197,66	1.238,01

Der Stpfl. hat bisher 75 % dieser Telefonkosten als Betriebsausgaben behandelt. Einzelaufzeichnungen über die geführten und angekommenen Gespräche hat er nicht erstellt.

Buchungssatz:

in 2011:

Telefonkosten	780,26			
Vorsteuer	148,25	an	Einlagen	928,51

Buchung auf Konten:

S	Telefonkosten	H
780,26		

S	Vorsteuer	H
148,25		

S	Einlagen	H
	928,51	

Feststellungen der Bp:

Die betrieblich veranlassten Aufwendungen für Telefongespräche von einem Telefonanschluss in der Privatwohnung aus sind als Betriebsausgaben abzugsfähig (H 12.1 „Telefonanschluss in einer Wohnung" EStH 2011). Dabei ist der betriebliche Anteil aus dem – ggf. geschätzten – Verhältnis der betrieblichen zu den privat geführten Gesprächen zu ermitteln.

Da der Stpfl. jedoch keine Einzelaufzeichnungen geführt hat, wird durch die Bp in Anlehnung an die Anweisung in R 9.1 (5) LStR 2011 (Verweis durch EStH) folgende Schätzung vorgenommen. Ohne Einzelnachweis können 20%, maximal 20 € je Monat als Betriebsausgaben anerkannt werden:
Somit erkennt der Prüfer 240 € zzgl. 45,60 € Vorsteuern an.

Die in den Rechnungen über Gesprächsgebühren und gemietete Telefonanlagen ausgewiesenen Steuerbeträge sind insoweit nach § 15 Abs. 1 UStG als Vorsteuern abzuziehen als die abgerechneten Leistungen für das Unternehmen und nicht für die privaten Gespräche bezogen worden sind (vgl. Hessisches FG vom 21.11.2005, 6 K 1058/03, EFG 2006 S. 614).

Änderungen durch die Bp:

Privateinlagen	vor Bp	nach Bp	weniger	Gewinn
2011	928,51	285,60	642,91	642,91

USt-Schuld	vor Bp	nach Bp	mehr	Gewinn
31.12.2011	-148,25	-45,60	102,65	-102,65

1.38 Reisekosten I

Der selbständige Staubsaugervertreter Hubert Reinlich bereist im Mai 2011 für 4 Tage sein Verkaufsgebiet in Süddeutschland mit dem betrieblichen Pkw. Er tritt die Geschäftsreise am Montag um 13.00 Uhr an und kehrt am Donnerstag um 15.00 Uhr an seine Wohnung zurück. Reinlich übernachtet dabei regelmäßig in guten Hotels.

Er rechnet wie folgt ab:

1. Übernachtungskosten

	Übernachtung netto	darin Anteil Frühstück	Vorsteuer
Montag–Dienstag	80,00	8,50	15,20
Dienstag–Mittwoch	75,00	kein Ausweis	14,25
Mittwoch–Donnerstag	85,00	7,00	16,15
Summen	240,00		45,60

2. Verpflegungsmehraufwendungen

	Einzelbelege netto	Vorsteuer
Montag	15,00	2,85
Dienstag	32,00	6,08
Mittwoch	35,00	6,65
Donnerstag	18,00	3,42
Summen	100,00	19,00

Buchungssatz:

in 2011:

Reisekosten	340,00			
Vorsteuer	64,60	an	Kasse	404,60

Buchung auf Konten:

S	Reisekosten	H
340,00		

S	Vorsteuer	H
64,60		

S	Kasse	H
	404,60	

Feststellungen der Bp:

Die Prüferin des Finanzamtes untersucht die Reisekosten des Herrn Reinlich und stellt dabei folgendes fest:

Sowohl für die Übernachtungen, als auch für die Verpflegungskosten liegen ordnungsgemäße Einzelbelege vor, die auch auf den Namen des Unternehmers ausgestellt sind. Daher ist auch der Vorsteuerabzug in der geltend gemachten Höhe anzuerkennen.

Die Verpflegungskosten sind allerdings der Höhe nach in Abhängigkeit von der zeitlichen Abwesenheit begrenzt (§ 4 Abs. 5 Nr. 5 EStG):

– mehr als 24 Stunden	24 €
– weniger als 24, aber mindestens 14 Stunden	12 €
– weniger als 14, aber mehr als 8 Stunden	6 €

Darüber hinaus ist der in den Übernachtungskosten enthaltene Teil für das Frühstück abzuziehen, da es sich insoweit um Verpflegungskosten handelt. Sofern kein gesonderter Ausweis erfolgt, ist eine Kürzung der Pauschalen um 4,50 € vorzunehmen.

	gebucht netto	Pauschale	Kürzung Frühstück	abziehbar
Montag	15,00	6,00	0,00	6,00
Dienstag	32,00	24,00	8,50	15,50
Mittwoch	35,00	24,00	4,50	19,50
Donnerstag	18,00	12,00	7,00	5,00
Summen	100,00	66,00	20,00	46,00

In Höhe der Differenz von 54 € ergeben sich für diese Geschäftsreise nichtabziehbare Betriebsausgaben i.S.d. § 4 Abs. 5 Nr. 5 EStG, die außerhalb der Bilanz bei der Ermittlung der Einkünfte aus Gewerbebetrieb hinzuzurechnen sind.

Änderungen durch die Bp:

Außerbilanzielle Zurechnung	vor Bp	nach Bp	mehr	Einkünfte aus Gewerbebetrieb
2011	0	54	54	54

1.39 Reisekosten II

Der Teppichhändler Abdul Flokati betreibt in Köln einen Groß- und Einzelhandel mit echten persischen Teppichen. Da er großen Wert auf beste Qualität legt, reist er mehrmals im Jahr ins Ausland, um die Waren vor Ort einzukaufen.

Für die im August des Jahres 2010 durchgeführte Auslandsreise nach Tunesien vom 12.8.2010–16.8.2010 sind folgende tatsächliche Kosten entstanden:

1.	Flugkosten Direktflug Köln–Tunis	394,40
2.	Übernachtungskosten 4 Nächte zu umgerechnet je 43,50 €	174,00
3.	Verpflegungsmehraufwendungen gem. Einzelbelegen	150,80
4.	Nebenkosten Taxi in Köln	32,00
	Taxi in Tunis	58,00
	Gesamtkosten	809,20

Buchungssatz:

in 2010:

Reisekosten	680,00			
Vorsteuer	129,20	an	Kasse	809,20

Buchung auf Konten:

S	Reisekosten	H
680,00		

S	Vorsteuer	H
129,20		

S	Kasse	H
	809,20	

Feststellungen der Bp:

Die geltend gemachten Aufwendungen für Auslandsreisen waren ein Schwerpunkt der durchgeführten Bp. Dabei wurde auch die Reise nach Tunesien geprüft. Die betriebliche Veranlassung der Reisen konnte vom Stpfl. nachgewiesen werden und stand außer Zweifel. Im Rahmen der Prüfung beantragte der Stpfl. den maximalen Betriebsausgabenabzug anhand von Pauschalen. Die einzelnen Posten wurden wie folgt beurteilt:

Flugkosten
Die Flugkosten können in der tatsächlichen Höhe als Betriebsausgaben abgezogen werden. Der gebuchte Vorsteuerabzug entfällt jedoch, da grenzüberschreitende Personenbeförderungen mit Luftfahrzeugen nicht der Umsatzsteuer unterliegen (§ 4 Nr. 2 UStG).

Übernachtungskosten
Bei Übernachtungen im Ausland dürfen die Übernachtungskosten ohne Einzelnachweis der tatsächlichen Aufwendungen mit Pauschbeträgen (Übernachtungsgelder) angesetzt werden, deren Höhe vom jeweiligen Land abhängig ist. Für das Jahr 2010 sind diese Beträge im BMF-Schreiben vom 17.12.2009, BStBl 2009 I S. 1601 veröffentlicht worden. Danach beträgt die Übernachtungspauschale für Tunesien 70 € (bei 4 Nächten somit 280 €). Der gebuchte Vorsteuerabzug ist jedoch nicht zulässig.
Erhöhung Betriebsausgaben (280 € abzgl. 146,21 €)   133,79 €

Verpflegungsmehraufwendungen
Auch für Verpflegungsmehraufwendungen im Ausland sind im o.g. BMF-Schreiben besondere Pauschalen festgelegt worden. Für Tunesien gelten im Kj. 2010 folgende Beträge:

– mehr als 24 Stunden	33,00 €
– weniger als 24, aber mindestens 14 Stunden	22,00 €
– weniger als 14, aber mehr als 8 Stunden	11,00 €

Eine Kürzung der Verpflegungspauschalen für das im Gesamtpreis der Übernachtung enthaltene Frühstück kommt nach Ansicht des Prüfers dann nicht in Betracht, wenn für die Übernachtung ebenfalls Pauschalen angesetzt worden sind.

	Dauer	Pauschale
12.8.	15 h	22,00
13.8.	24 h	33,00
14.8.	24 h	33,00
15.8.	24 h	33,00
16.8.	18 h	22,00
Summen		143,00

Ein Vorsteuerabzug kommt nicht in Betracht.

Erhöhung Betriebsausgaben (143 € abzgl. 126,72 €)   16,28 €

Anmerkung:

Im Falle des Einzelnachweises von Übernachtungskosten ist in analoger Anwendung von R 9.7 Abs. 1 Satz 4 Nr. 1 LStR folgende Kürzung vorzunehmen: Lässt sich der Preis für das Frühstück nicht feststellen, so ist der Gesamtpreis zur Ermittlung der Übernachtungskosten wie folgt zu kürzen:

Bei einer Übernachtung im Ausland um 20 % des für den Unterkunftsort maßgebenden Pauschbetrags für Verpflegungsmehraufwendungen bei einer Dienstreise mit einer Abwesenheitsdauer von mindestens 24 Stunden.

Reisenebenkosten
Die Taxikosten sind als Reisenebenkosten in der nachgewiesenen Höhe abziehbar. Ein Vorsteuerabzug ist nicht zulässig für die im Ausland entstandenen Kosten.

Vorsteuerkürzung	2010
Gesamte Vorsteuer	129,20
abziehbare Vorsteuer	-2,09
Erhöhung USt-Schuld	127,11

Letztlich sind nur die Vorsteuern aus den im Inland entstandenen Taxikosten (brutto 32 €) abziehbar (7% gem. § 12 Nr. 10b UStG).

mehr Aufwendungen	2010
Übernachtungskosten	133,79
Verpflegungskosten	16,28
mehr Einlagen	150,07

Änderungen durch die Bp:

Privateinlagen	vor Bp	nach Bp	mehr	Gewinn
2010	0,00	150,07	150,07	-150,07

USt-Schuld	vor Bp	nach Bp	mehr	Gewinn
31.12.2010	0,00	127,11	127,11	-127,11

1.40 Bewirtungskosten I

Der am 28.5.1961 geborene Einzelunternehmer Waldemar Lustig bucht in 2011 nachstehende Bewirtungskosten als Betriebsausgaben:

Gaststätte/Restaurant	Datum	netto	Vorsteuer
„Zur Post"	23.2.2011	130,00	24,70
„Zum Löwen"	19.4.2011	190,00	36,10
„Landgasthof"	28.5.2011	350,00	66,50
„Zum Bären"	04.7.2011	120,00	22,80
„Zur Post"	17.8.2011	140,00	26,60
„Zum Löwen"	26.10.2011	160,00	30,40
„Landgasthof"	28.11.2011	180,00	34,20
Gesamtkosten		1.270,00	241,30

Buchungssatz (zusammengefasst):

in 2011:

Bewirtungskosten	1.270,00			
Vorsteuer	241,30	an	Kasse	1.511,30

Buchung auf Konten:

S	Bewirtungskosten	H
1.270,00		

S	Vorsteuer	H
241,30		

S	Kasse	H
	1.511,30	

Feststellungen der Bp:

Die Bp hat die Bewirtungskosten anhand der Einzelbelege untersucht:

Aus den vorliegenden Einzelbelegen = Gaststättenrechnungen sind neben dem jeweiligen Ort, Tag und Anlass auch die Teilnehmer der Bewirtung zu erkennen (vgl. R 4.10 (8) EStR 2008). Die Belege sind auch vom Stpfl. unterschrieben (vgl. H 4.10 (5)-(9) „Unterschrift" EStH 2011).

Der Prüfer hat festgestellt, dass die Bewirtung am 28.5.2011 anlässlich des 50. Geburtstages des Stpfl. stattgefunden hat. Unter Bezugnahme auf die einschlägige Rechtsprechung (BFH vom 29.3.1999, BFH/NV 1999 S. 1254) erkennt der Prüfer diese Ausgaben nicht als Betriebsausgaben an, sondern ordnet sie der privaten Lebensführung nach § 12 EStG zu. Da insoweit kein Leistungsbezug für das Unternehmen erfolgt ist, kommt auch ein Vorsteuerabzug nach § 15 UStG nicht in Betracht.

Nach Feststellung der Bp sind die übrigen Bewirtungskosten geschäftlich veranlasst und daher gem. § 4 Abs. 5 Satz 1 Nr. 2 EStG nur zu 70% als Betriebsausgabe abziehbar.

Der Vorsteuerabzug ist in vollem Umfange zulässig (§ 15 Abs. 1a Satz 2 UStG) und unter den allgemeinen Voraussetzungen des § 15 UStG zu gewähren.

Neuberechnung durch die Bp:

Gaststätte/Restaurant	netto	Vorsteuer
Gesamt	1.270,00	241,30
„Landgasthof" § 12	-350,00	-66,50
angemessen	920,00	174,80

Von den als angemessen anzusehenden geschäftlich veranlassten Bewirtungskosten sind nunmehr 30% außerhalb der Bilanz bei der Ermittlung der Einkünfte aus Gewerbebetrieb hinzuzurechnen (vgl. R 4.10 (6) EStR 2008).

Änderungen durch die Bp:

Privatentnahmen	vor Bp	nach Bp	mehr	Gewinn
2011	0	416,50	416,50	416,50

USt-Schuld	vor Bp	nach Bp	mehr	Gewinn
31.12.2011	0	66,50	66,50	-66,50

Außerbilanzielle Zurechnung	vor Bp	nach Bp	mehr	Einkünfte aus Gewerbebetrieb
2011	0	276	276	276

1.41   Bewirtungskosten II

Der Einzelunternehmer Fred Sonnenschein hat in seiner Buchhaltung mehrere Konten zur Erfassung von Bewirtungskosten eingerichtet:

„Bewirtung 70%" (für geschäftlich veranlasste Bewirtungen)
„Bewirtung 100%" (betrieblich veranlasste reine Arbeitnehmerbewirtungen)

Im Jahr 2011 sind folgende Bewirtungsaufwendungen entstanden:

Bewirtung von Geschäftsfreunden:		netto	Vorsteuer
1. Quartal	9 Einzelbelege	980,00	186,20
2. Quartal	8 Einzelbelege	750,00	142,50
3. Quartal	11 Einzelbelege	1.050,00	199,50
4. Quartal	5 Einzelbelege	680,00	129,20
Bewirtung von Arbeitnehmern	14 Einzelbelege	1.750,00	332,50
		5.210,00	989,90

Für die Bewirtungen der Geschäftsfreunde liegen ordnungsgemäße Einzelbelege vor, die den Anforderungen des § 4 Abs. 5 Satz 1 Nr. 2 EStG genügen.

Auch die Arbeitnehmerbewirtungen sind durch entsprechende Belege dokumentiert. Es handelt sich nicht um Betriebsveranstaltungen, sondern um Bewirtungen, die anlässlich von besonderen Arbeitseinsätzen der Arbeitnehmer durchgeführt wurden.

Buchungssätze (zusammengefasst):

in 2011:

Bewirtung 70%	2.030,00			
Fremdleistungen	750,00			
Bewirtung 100%	2.430,00			
Vorsteuer	989,90	an	Kasse	6.199,90

Buchung auf Konten:

S	Kasse	H
		6.199,90

S	Vorsteuer	H
989,90		

S	Bewirtung 70%	H
2.030,00		

S	Bewirtung 100%	H
2.430,00		

S	Fremdleistungen	H
750,00		

Ausgehend von dem auf dem Konto „Bewirtung 70%" gebuchten Gesamtbetrag ermittelt Herr Sonnenschein eine außerbilanzielle Hinzurechnung nach § 4 Abs. 5 Satz 2 Nr. 2 EStG i.H.v. 609,00 € (30% von 2.030 €).

Feststellungen der Bp:

Die Kosten für die Geschäftsfreunde-Bewirtung des 1. und des 3. Quartals sind zutreffend gebucht (980,00 € + 1.050 € = 2.030,00 €). Die sich daraus ergebende außerbilanzielle Hinzurochnung von 30% ist ebenfalls richtig ermittelt worden.

Die im 2. Quartal angefallenen Kosten sind allerdings auf dem Konto „Fremdleistungen„ gebucht worden (750,00 €). Diese Handhabung genügt nicht der Verpflichtung zur gesonderten Aufzeichnung nach § 4 Abs. 7 Satz 1 EStG. Danach sind Bewirtungskosten einzeln und getrennt von den sonstigen Betriebsausgaben aufzuzeichnen. Eine Aufzeichnung auf besondere Konten liegt nicht vor, wenn die bezeichneten Aufwendungen auf Konten gebucht werden, auf denen auch nicht besonders aufzeichnungspflichtige Aufwendungen gebucht sind. Dies ist bei dem Konto Fremdleistungen der Fall. Somit sind 750,00 € außerbilanziell hinzurechnen. Die Versagung des Vorsteuerabzugs für (einkommensteuerrechtlich) angemessene Bewirtungsaufwendungen allein wegen nicht eingehaltener Formvorschriften für den Nachweis als Betriebsausgaben (einzelne und getrennte Aufzeichnung nach § 4 Abs. 7 EStG) ist nicht zulässig (vgl. BMF-Schreiben vom 23.6.2005, BStBl 2005 I S. 816).

Die Bewirtungsaufwendungen des 4. Quartals wurden nach Aussage des Stpfl. versehentlich auf dem Bewirtungskostenkonto 100% gebucht. In diesen Fällen handelt es sich offenbar um wenige Fehlbuchungen, weil sich der Stpfl. in der rechtlichen Würdigung geirrt hat und das falsche Bewirtungskosten-Konto angesprochen hat. Somit ist eine Berichtigung möglich und die anteiligen Aufwendungen unterliegen nur einer Kürzung von 30% (vgl. H 4.11 „Verstoß gegen die besondere Aufzeichnungspflicht" EStH 2011 sowie BFH-Urteil vom 19.8.1999, BStBl 2000 II S. 203). Somit Hinzurechnung von 204,00 € (30% von 680,00 €).

Die Aufwendungen für die reinen Arbeitnehmerbewirtungen sind korrekt gebucht.

Erhöhung der nichtabziehbaren Betriebsausgaben	2011		
2. Quartal	§ 4 Abs. 7 Satz 1 EStG	100%	750
4. Quartal	§ 4 Abs. 5 Satz 1 Nr. 2 EStG	30%	204
Gesamt			954

Änderungen durch die Bp:

Außerbilanzielle Zurechnung	vor Bp	nach Bp	mehr	Einkünfte aus Gewerbebetrieb
2011	0	954	954	954

1.42 Geschenke I

Der selbständige Handelsvertreter Rainer Abel verteilt anlässlich des Weihnachtsfestes 2011 folgende Geschenke an Geschäftsfreunde:

	Einzelpreis	gesamt
50 Wandkalender	15,00	750,00
50 Kartons Sekt (je 3 Flaschen)	18,00	900,00
100 Flaschen Wein	4,50	450,00
100 Schachteln Pralinen	12,00	1.200,00
Gesamtkosten netto		3.300,00

Umsatzsteuer		627,00
Gesamtkosten brutto		3.927,00

Eine Liste mit den Namen der Empfänger der Geschenke kann dem Betriebsprüfer nicht vorgelegt werden. Auch auf den Eingangsrechnungen sind keine Empfänger angegeben.

Buchungssätze (zusammengefasst):

in 2011:

Geschenkaufwand	3.300			
Vorsteuer	627	an	Bank	3.927

Buchung auf Konten:

S	Bank	H
	3.927	

S	Vorsteuer	H
627		

S	Geschenkaufwand	H
3.300		

Feststellungen der Bp:

Geschenke an Geschäftsfreunde sind nur unter den Voraussetzungen des § 4 Abs. 5 Satz 1 Nr. 1 EStG als Betriebsausgaben abzugsfähig.

Danach dürfen einem Geschäftsfreund pro Wirtschaftsjahr insgesamt nur Geschenke im Werte von 35 € überreicht werden. Es handelt sich hierbei um eine Freigrenze. Diese Freigrenze kann durch die Bp nicht überprüft werden, wenn keine Aufzeichnungen in Form von Geschenklisten oder Geschenkkarteien vorliegen bzw. keine detaillierten Angaben auf den Rechnungen vorhanden sind.

Da die Möglichkeit besteht, dass einzelne Empfänger mehrere Geschenke erhalten haben und damit der Betrag von 35 € überschritten wird, sind im vorliegenden Fall die Aufwendungen insgesamt als nichtabzugsfähige Betriebsausgaben zu behandeln. Es handelt sich jedoch nicht um Privatentnahmen, sondern um Beträge, die außerhalb der Bilanz bei Ermittlung der steuerpflichtigen Einkünfte aus Gewerbebetrieb hinzuzurechnen sind.

Nach § 15 Abs. 1a Nr. 1 UStG entfällt für diese nichtabziehbaren Betriebsausgaben der Vorsteuerabzug i.H.v. 627 €.

Bei Geschenken über 35 €, für die nach § 15 Abs. 1a Nr. 1 UStG i.V.m. § 4 Abs. 5 Satz 1 Nr. 1 EStG kein Vorsteuerabzug vorgenommen werden kann, entfällt nach § 3 Abs. 1b Satz 2 UStG eine Besteuerung der Zuwendungen (vgl. Abschnitt 3.3 Abs. 10 UStAE sowie BMF-Schreiben vom 10.7.2000, BStBl 2000 I S. 1185).

Änderungen durch die Bp.:

USt-Schuld	vor Bp	nach Bp	mehr	Einkünfte aus Gewerbebetrieb
31.12.2011	0	627	627	-627

Außerbilanzielle Zurechnung	vor Bp	nach Bp	mehr	Einkünfte aus Gewerbebetrieb
2011	0	3.927	3.927	3.927

1.43   Geschenke II

Ein Unternehmer in Kehl erwirbt im Wirtschaftsjahr 2011 diverse Geschenkartikel (Pralinen, Kalender, Blumenstöcke, Schnittblumen) und verschenkt diese zu unterschiedlichen Anlässen (Ostern, Weihnachten, Geburtstage etc.) an gute in- und ausländische Geschäftsfreunde.

Die Namen der Geschäftsfreunde sind in einer Geschenkliste erfasst. Die Wertgrenze des § 4 Abs. 5 Nr. 1 EStG (35 € pro Empfänger im Jahr) wird nicht überschritten. Der Gesamtwert der Geschenke ermittelt sich wie folgt:

Bücher (Umsatzsteuer 7%)	3.250,00	227,50	3.477,50
Spirituosen (Umsatzsteuer 19%)	5.890,00	1.119,10	7.009,10
Summen	9.140,00	1.346,60	10.486,60

Auf den Sachkonten „Bücher und Zeitschriften" und „Sonstige Kosten" werden neben den untenstehenden Beträgen auch die üblichen Werbekosten, Büroartikel und sonstigen betrieblichen Aufwendungen gebucht.

Buchungssätze (zusammengefasst):

in 2011:

(1)   Bücher u. Zeitschriften   3.250,00
       Vorsteuer   227,50   an   Verbindlichkeiten   3.477,50

(2) Sonstige Kosten   5.890,00
     Vorsteuer   1.119,10   an   Bank   7.009,10

Buchung auf Konten:

S	Bank	H
	7.009,10	(2)

S	Verbindlichkeiten	H
	3.477,50	(1)

S	Vorsteuer	H
(1)	227,50	
(2)	1.119,10	

S	Bücher u. Zeitschriften	H
(1)	3.250,00	

S	Sonstige Kosten	H
(2)	5.890,00	

Feststellungen der Bp:

Nach § 4 Abs. 7 Satz 1 EStG sind Geschenkaufwendungen einzeln und getrennt von den sonstigen Betriebsausgaben aufzuzeichnen. Diese Verpflichtung ist bei Gewinnermittlung durch Betriebsvermögensvergleich dann erfüllt, wenn die Aufwendungen laufend, zeitnah und auf einem besonderen Konto im Rahmen der Buchführung gebucht werden (R 4.11 (1) EStR 2008, H 4.11 „Besondere Aufzeichnungen„ EStH 2011).

Der Stpfl. hat die Geschenkaufwendungen auf den gemischten Konten „Bücher und Zeitschriften" und „Sonstige Kosten" innerhalb der Buchführung gebucht und somit das Erfordernis der getrennten Aufzeichnung nicht erfüllt. Die Aufwendungen dürfen somit bei der Gewinnermittlung nicht berücksichtigt werden (§ 4 Abs. 7 Satz 2 EStG, H 4.11 „Verstoß gegen die besondere Aufzeichnungspflicht" EStH 2011).

Nach § 15 Abs. 1a Nr. 1 UStG entfällt für diese Aufwendungen der Vorsteuerabzug in vollem Umfange.

Änderungen durch die Bp:

USt-Schuld	vor Bp	nach Bp	mehr	Gewinn
31.12.2011	0	1.346,60	1.346,60	-1.346,60

Außerbilanzielle Zurechnung	vor Bp	nach Bp	mehr	Einkünfte aus Gewerbebetrieb
2011	0	10.486,60	10.486,60	10.486,60

1.44 Steuern

Der Einzelunternehmer Marius Meier aus Berlin hat im Laufe des Jahres 2011 folgende Steuerzahlungen an das Finanzamt bzw. Stadtsteueramt durch Banküberweisungen geleistet.

02.1.	Kfz-Steuer für 2 Betriebs-Pkw	584
15.5.	Grundsteuer für das Betriebsgrundstück	1.000
10.6.	Einkommensteuer-Vorauszahlung 2011	8.000
10.6.	Kirchensteuer-Vorauszahlung 2011	720
12.12.	Gewerbesteuer-Nachzahlung 2010	3.200
	(in der Bilanz 2010 war keine Rückstellung für Gewerbesteuer gebildet)	

Buchungssätze:

in 2011:

(1)	Kfz-Kosten	584	an	Bank	584
(2)	Grundstücksaufwand	1.000	an	Bank	1.000
(3)	Sonstige Steuern	8.720	an	Bank	8.720
(4)	Periodenfr. Aufwand	3.200	an	Bank	3.200

Buchung auf Konten:

S	Bank		H	
		584	(1)	
		1.000	(2)	
		8.720	(3)	
		3.200	(4)	

S		Kfz-Kosten	H
(1)	584		

S	Grundstücksaufwand	H
(2)	1.000	

S	Sonstige Steuern	H
(3)	8.720	

S	Periodenfr. Aufwand	H
(4)	3.200	

Feststellungen der Bp:

Die Kraftfahrzeug-, Grund- und Gewerbesteuer sind zutreffend als Betriebsausgaben gebucht. Die Gewerbesteuer ist jedoch außerhalb der Bilanz zur Ermittlung der Einkünfte aus Gewerbebetrieb gem. § 4 Abs. 5b EStG wieder zuzurechnen.

Nach § 12 Nr. 3 EStG darf Herr Meier seine Steuern vom Einkommen jedoch nicht als Betriebsausgaben bei seinen Einkünften aus Gewerbebetrieb abziehen. Die Einkommen- und Kirchensteuer-Vorauszahlungen zum 10.6.2011 stellen daher nichtabzugsfähige Ausgaben (Privatentnahmen) dar (H 12.4 „Personensteuern" EStH 2011).

Änderungen durch die Bp:

Privatentnahmen	vor Bp	nach Bp	mehr	Gewinn
2011	0	8.720	8.720	8.720

Außerbilanzielle Zurechnung	vor Bp	nach Bp	mehr	Einkünfte aus Gewerbebetrieb
2011	0	3.200	3.200	3.200

1.45 Nebenleistungen zu Steuern

Bei dem Einzelunternehmer Florian Fischer hatte bereits Ende 2009 eine steuerliche Bp stattgefunden, die sich auf die Jahre 2006–2008 erstreckte. Dabei wurden nur Feststellungen hinsichtlich des Jahres 2006 getroffen. Der Betriebsprüfungsbericht datiert vom 15.12.2009, die geänderten Steuerbescheide ergingen im Februar 2010. Es ergaben sich folgende Nachzahlungen, für die im Prüfungsbericht noch keine Rückstellungen gebildet worden waren:

Umsatzsteuer 2006		5.700,00
Gewerbesteuer 2006		7.500,00
Einkommensteuer 2006		12.500,00
Kirchensteuer 2006		1.125,00
Solidaritätszuschlag 2006		687,50
Zinsen nach § 233a AO (1.4.2008–31.1.2010):		
Umsatzsteuer	627,00	
Gewerbesteuer	825,00	
Einkommensteuer	1.375,00	2.827,00
Gesamt		30.339,50

Buchungssätze (zusammengefasst):

in 2010:

(1)	Steuern	13.200,00			
	Entnahmen	14.312,50	an	Bank	27.512,50
(2)	Zinsaufwand	2.827,00	an	Bank	2.827,00

Buchung auf Konten:

S	Bank	H
	27.512,50	(1)
	2.827,00	(2)

S	Steuern	H
(1)	13.200,00	

S	Zinsaufwand	H
(2)	2.827,00	

S	Entnahmen	H
(1)	14.312,50	

Feststellungen der Bp:

Die Nachzahlungen für die betrieblichen Steuern Umsatzsteuer und Gewerbesteuer sind zutreffend als Betriebsausgabe erfasst worden. Zudem sind auch die Nachzahlungen für Einkommensteuer, Kirchensteuer und Solidaritätszuschlag richtigerweise als Privatentnahmen gebucht worden, da diese Steuern nach § 12 Nr. 3 EStG nicht abziehbar sind.

Nach § 52 Abs. 12 Satz 7 EStG gilt die Regelung des § 4 Abs. 5b EStG (steuerliche Nichtabziehbarkeit der Gewerbesteuer) erstmals für Gewerbesteuer, die für Erhebungszeiträume festgesetzt wird, die nach dem 31. 12. 2007 enden. Da die Gewerbesteuernachzahlung im vorliegenden Fall auf 2006 entfällt, kommt eine Zurechnung nicht in Betracht.

Die steuerlichen Nebenleistungen, wie Zinsen i.S.d. § 233a AO, werden wie die Steuern selbst behandelt. Somit sind nur die Zinsen auf die Betriebssteuern abziehbar (vgl. § 12 Nr. 3 EStG sowie H 12.4 „Nebenleistungen" EStH 2011). Eine Ausnahme gilt nur für Zinsen auf hinterzogene Steuern nach § 235 AO. Diese sind gem. § 4 Abs. 5 Nr. 8a EStG bei der Ermittlung der Einkünfte aus Gewerbebetrieb außerhalb der Bilanz wieder hinzuzurechnen.

Die Zinsen auf die Einkommensteuernachzahlung sind als Privatentnahmen zu behandeln.

Änderungen durch die Bp:

Privatentnahmen	vor Bp	nach Bp	mehr	Gewinn
2010	0	1.375	1.375	1.375

1.46 Steuerberatungskosten

Für seine Tätigkeiten im Zusammenhang mit der Erstellung der Bilanz zum 31.12.2010 sowie der Steuererklärungen 2010 stellt der Steuerberater Lutz Kaiser dem Stpfl. In 2011 folgende Rechnung:

Bilanzerstellung nebst GuV 31.12.2010	2.800
Umsatzsteuererklärung 2010	600
Gewerbesteuererklärung 2010	400
Einkommensteuererklärung 2010	1.200
Netto	5.000
Umsatzsteuer	950
Brutto	5.950

Der Gesamtbetrag wurde am 14.9.2011 vom betrieblichen Bankkonto überwiesen.

Buchungssatz:

in 2011:

Beratungskosten	5.000			
Vorsteuer	950	an	Bank	5.950

Buchung auf Konten:

S	Bank	H
	5.950	

S	Beratungskosten	H
5.000		

S	Vorsteuer	H
950		

Feststellungen der Bp:

Die als Betriebsausgaben gebuchten Rechts- und Beratungskosten für die Erstellung der Einkommensteuererklärung stellen Kosten der privaten Lebensführung (§ 12 Nr. 1 EStG) und damit Privatentnahmen dar (vgl. H 12.1 „Steuerberatungskosten" EStH 2011 sowie BMF-Schreiben vom 21.12.2007, BStBl 2008 I S. 256).

Die Vorsteuer ist insoweit nicht abzugsfähig, da der Steuerberater bezüglich der Erstellung dieser Erklärung keine Leistung an das Unternehmen erbracht hat (§ 15 Abs. 1 UStG):

Erhöhung Privatentnahmen 2011	
Honorar Einkommensteuererklärung	1.200
Umsatzsteuer	228
gesamt	1.428

Änderungen durch die Bp:

Privatentnahmen	vor Bp	nach Bp	mehr	Gewinn
2011	0	1.428	1.428	1.428

USt-Schuld	vor Bp	nach Bp	mehr	Gewinn
31.12.2011	0	228	228	-228

1.47 Arbeitskleidung

Der Gastwirt Paul Koch kauft für die Tätigkeit in seinem Restaurant am 23.8.2011 fünf Hosen und fünf weiße Hemden sowie für seine Kellner drei schwarze Anzüge.

Die Kellner sind gem. Arbeitsvertrag verpflichtet, die Anzüge während der Arbeitszeit zu tragen:

5 Hosen	500
5 Hemden	250
3 Anzüge	750
Netto	1.500
Umsatzsteuer	285
Brutto	1.785

Buchungssatz:

in 2011:

Arbeitskleidung	1.500			
Vorsteuer	285	an	Bank	1.785

Buchung auf Konten:

S	Bank	H
		1.785

S	Arbeitskleidung	H
1.500		

S	Vorsteuer	H
285		

Feststellungen der Bp:

Die Aufwendungen für die Kleidung des Gastwirts stellen Kosten der privaten Lebensführung dar (§ 12 Nr. 1 EStG; R 12.1 EStR 2008) und sind daher nicht als Betriebsausgaben abzugsfähig. Sie sind als Privatentnahmen zu behandeln.

Betriebsausgaben lägen nur dann vor, wenn es sich um typische Berufskleidung handeln würde (z.B. die Amtstracht eines Rechtsanwalts oder die schwarze Kleidung eines Schornsteinfegers). In diesen Fällen ist eine private Mitbenutzung ausgeschlossen. Auch die Behauptung des Gastwirts, er trage diese Hosen und Hemden nur in der Gastwirtschaft, führt steuerlich zu keiner anderen Beurteilung (H 12.1 „Kleidung und Schuhe" EStH 2011 sowie Rdnr. 4 des BMF-Schreibens vom 6.7.2010, BStBl 2010 I S. 614).

Umsatzsteuerlich ist die abzugsfähige Vorsteuer zu kürzen um:
750,00 x 19% = 142,50

Die Kosten für die Anzüge der Kellner sind für den Gastwirt Betriebsausgaben (§ 4
Abs. 4 EStG). Die darauf entfallende Umsatzsteuer ist als Vorsteuer abzugsfähig (§
15 Abs. 1 UStG).

Änderungen durch die Bp:

Privatentnahmen	vor Bp	nach Bp	mehr	Gewinn
2011	0	892,50	892,50	892,50

USt-Schuld	vor Bp	nach Bp	mehr	Gewinn
31.12.2011	0	142,50	142,50	-142,50

1.48 Verwarnungsgeld

Der Gemüsehändler Hansi Kohl kauft täglich frische Ware auf dem Großmarkt und
fährt diese dann mit eigenem Lieferwagen zu seinem Ladengeschäft in der Fußgän-
gerzone. Auch zur Belieferung von Großkunden wie Hotels oder Gaststätten ist es
unvermeidlich, dass er während der Geschäftszeiten mit seinem Lieferwagen an seinem Laden im Halteverbot parkt. Hierfür sind gegen ihn in 2011 bereits mehrfach von
der örtlichen Verkehrsbehörde Verwarnungsgelder i.H.v. insgesamt 280 € festgesetzt
worden, die er nach anfänglichen Protesten dann schließlich doch bezahlt hat.

Herr Kohl ist der Auffassung, dass diese Beträge steuerlich abzugsfähig sind und
bucht daher wie folgt:

Buchungssatz:
in 2011:

      Gebühren u. Beiträge   280   an   Bank   280

Buchung auf Konten:

S	Bank	H
		280

S	Gebühren und Beiträge	H
280		

Feststellungen der Bp:

Bei den Verwarnungsgeldern der Stadt handelt es sich zwar begrifflich um Betriebsausgaben (Aufwendungen, die durch den Betrieb veranlasst sind, § 4 Abs. 4 EStG), die jedoch gem. § 4 Abs. 5 Satz 1 Nr. 8 EStG einer besonderen Abzugsbeschränkung unterliegen. Danach sind die von einem Gericht oder einer Behörde im Geltungsbereich des EStG oder von Organen der Europäischen Gemeinschaften festgesetzten Geldbußen, Ordnungsgelder und Verwarnungsgelder nicht abziehbar.

Änderung durch die Bp:

Außerbilanzielle Zurechnung	vor Bp	nach Bp	mehr	Einkünfte aus Gewerbebetrieb
2011	0	280	280	280

1.49 Bücher und Zeitschriften

Ein Computer-Unternehmen macht 2011 folgende Aufwendungen als Betriebsausgaben geltend:

Frankfurter Allgemeine Zeitung	300,00
Die Welt	280,00
Geo	72,00
Handelsblatt	400,00
Netto	1.052,00
Umsatzsteuer 7%	73,64
Brutto	1.125,64

Die Zeitungen und Zeitschriften werden ausschließlich vom Unternehmer gelesen.

Buchungssatz:

in 2011:

Bücher u. Zeitschriften	1.052,00			
Vorsteuer	73,64	an	Bank	1.125,64

Buchung auf Konten:

S	Bank	H
	1.125,64	

S	Vorsteuer	H
73,64		

S   Bücher und Zeitschriften   H
1.052,00

Feststellungen der Bp:

Die Aufwendungen für den Bezug der Zeitung „Handelsblatt" sind nur im Ausnahmefall abzugsfähige Betriebsausgaben, sofern ein enger unmittelbarer Zusammenhang mit der beruflichen oder gewerblichen Tätigkeit des Stpfl zu bejahen ist. Anderenfalls sind die Aufwendungen nicht als Betriebsausgaben oder Werbungskosten abziehbar, sondern der Lebensführung zuzurechnen (vgl. BFH-Urteil vom 12.11.1982, DB 1983 S. 372; ablehnend: Hessisches FG vom 6.6.2002, 3 K 2440/98, EFG 2002 S. 1289; FG Berlin-Brandenburg vom 29.4.2008, 6 K 1567/04, EFG 2008 S. 1356). Bei einem Computer-Unternehmer ist die unmittelbare berufliche Veranlassung zumindest fraglich, so dass ein Abzug als Betriebsausgaben grundsätzlich ausscheidet.

Die Aufwendungen für die „FAZ", für „Geo" und für „Die Welt" sind in jedem Falle Kosten der privaten Lebensführung (Privatentnahmen) und somit steuerlich nicht absetzbar (§ 12 Nr. 1 EStG, H 12.1 „Tageszeitung„ EStH 2011 sowie Rdnr. 4 des BMF-Schreibens vom 6.7.2010, BStBl 2010 I S. 614).

Auch das Argument, die genannten Zeitungen und Zeitschriften enthielten betrieblich interessante Aufsätze, führt zu keiner anderen steuerlichen Beurteilung, da die Aufwendungen nicht klar und eindeutig in eine betriebliche und private Veranlassung getrennt werden können.

Umsatzsteuerlich ist die Vorsteuer um 73,64 € zu mindern.

Änderungen durch die Bp:

Privatentnahmen	vor Bp	nach Bp	mehr	Gewinn
2011	0	1.125,64	1.125,64	1.125,64

USt-Schuld	vor Bp	nach Bp	mehr	Gewinn
31.12.2011	0	73,64	73,64	-73,64

1.50   Versicherungszahlungen

Die Firmenrechtsschutzversicherung des Unternehmers Max Streitig erstattet am 13.1.2011 die Gerichtskosten für einen betrieblich veranlassten, aber verlorenen Prozess:

Verfahrensgebühr	560
Urteilsgebühr	1.120
Schreibauslagen	50
Porto	10
Erstattung	1.740

Buchungssatz:

in 2011:

    Bank   1.740   an   Privateinlagen   1.740

Buchung auf Konten:

S	Bank	H
1.740		

S	Privateinlagen	H
	1.740	

Feststellungen der Bp:

Die Erstattung der Gerichtskosten durch die Versicherung ist eine Betriebseinnahme (§ 15 Abs. 1 Nr. 1 EStG), da sowohl die Gerichtskosten als auch die Versicherungsprämien Betriebsausgaben waren und sind (§ 4 Abs. 4 EStG).

Änderungen durch die Bp:

Privateinlagen	vor Bp	nach Bp	weniger	Gewinn
2011	1.740	0	1.740	1.740

1.51   Gesonderter Steuerausweis

Der Einzelunternehmer Klaus Schön erhielt im Januar 2011 von verschiedenen Lieferanten Rechnungen, in denen die Umsatzsteuer nicht gesondert ausgewiesen war. Da er selbst vorsteuerabzugsberechtigt ist, bucht er auf den jeweiligen Aufwandskonten mit Vorsteuerschlüssel 19% und rechnet die Umsatzsteuer aus dem jeweiligen Gesamtbetrag heraus:

	brutto	Vorsteuer
Warenlieferungen von A-GmbH	6.188,00	988,00
Gebührenrechnung Stadtverwaltung	833,00	133,00
Buchhandlung Schreiber (Fachbücher)	214,00	34,17
Summen	7.235,00	1.155,17

Buchungssätze:

in 2011:

(1)	Wareneinkauf	5.200,00			
	Vorsteuer	988,00	an	Verbindlichkeiten	6.188,00
(2)	Gebühren u. Beiträge	700,00			
	Vorsteuer	133,00	an	Bank	833,00
(3)	Bücher u. Zeitschriften	179,83			
	Vorsteuer	34,17	an	Kasse	214,00

Buchung auf Konten:

S	Bank	H
		833,00 (2)

S	Kasse	H
		214,00 (3)

S	Vorsteuer	H
(1)	988,00	
(2)	133,00	
(3)	34,17	

S	Verbindlichkeiten	H
		6.188,00 (1)

S	Wareneinkauf	H
(1)	5.200,00	

S	Gebühren und Beiträge	H
(2)	700,00	

S	Bücher und Zeitschriften	H
(3)	179,83	

Feststellungen der Bp:

Grundsätzlich kann der Unternehmer nur diejenigen Vorsteuerbeträge abziehen, die – bei Vorliegen der sonstigen Voraussetzungen – in Rechnungen (§ 14 UStG) von anderen Unternehmern gesondert ausgewiesen werden (§ 15 Abs. 1 Nr. 1 UStG). Die Bp kann daher die geltend gemachten Vorsteuerbeträge aus den o.g. Rechnungen im Prüfungszeitraum nicht anerkennen.

Der Stpfl. hat jedoch die Möglichkeit, sich ordnungsgemäße Rechnungen durch die Rechnungsaussteller zusenden zu lassen.

Im Laufe des Jahres 2012 hat auf Anfrage hin der Lieferant A-GmbH sowie die Buchhandlung Schreiber dem Stpfl. Rechnungsberichtigungen zugesagt. Die Buchhandlung wird allerdings nur 7% USt ausweisen (§ 12 Abs. 2 Nr. 1 UStG). Die Stadtverwaltung teilt auf telefonische Anfrage hin mit, dass in der Gebührenrechnung keine Umsatzsteuer enthalten ist.

Bei Vorliegen ordnungsgemäßer Rechnungen kann der Stpfl. in 2011 die ausgewiesenen Vorsteuerbeträge in dem Voranmeldungs-Zeitraum von seiner Umsatzsteuerschuld abziehen, in dem die Rechnungen vorliegen (vgl. auch EuGH vom 29.4.2004 Rs. C-152/02, BFH/NV Beilage 2004, S. 229 sowie BFH vom 1.7.2004, BStBl II S. 861 und vom 31.7.2007, BFH/NV 2008 S. 416 sowie OFD Madgeburg vom 3.11.2011, S 7300–123–St244, SIS 121099).

Vorsteuer Warenrechnung	988,00
Vorsteuer Gebührenrechnung	133,00
Vorsteuer Bücherrechnung	34,17
gesamt	1.155,17

Änderungen durch die Bp:

USt-Schuld	vor Bp	nach Bp	mehr	Gewinn
31.12.2011	0	1.155,17	1.155,17	-1.155,17

Anmerkung:

Die Bp kann gleichzeitig die Vorsteuer-Ansprüche zum 31.12.2011 aktivieren (BFH-Urteil vom 12.5.1993, BStBl 1993 II S. 786).

1.52   Einfuhren aus Drittstaaten

Der Unternehmer Fritz Bergmann betreibt in Frankfurt ein Handelsgeschäft mit Elektrogeräten, vorwiegend der Unterhaltungsindustrie. Die Waren bezieht er fast ausschließlich aus Produktionsländern im asiatischen Raum.

Für eine Warenlieferung am 7.7.2011 erhält er i.h.v. 50.000 € die entsprechende Rechnung direkt vom Hersteller sowie eine weitere Rechnung vom Spediteur:

Lieferantenrechnung	
Waren	50.000

Spediteurrechnung	
Frachten	3.590
Einfuhrumsatzsteuer	9.500
Gesamt	13.090

Buchungssätze:

in 2011:

(1)	Wareneinkauf	50.000	an	Verbindlichkeiten	50.000
(2)	Bezugskosten	11.000			
	Vorsteuer	2.090	an	Bank	13.090

Buchung auf Konten:

S	Bank	H
	13.090	(2)

S	Verbindlichkeiten	H
	50.000	(1)

S	Vorsteuer	H
(2)	2.090	

S	Wareneinkauf	H
(1)	50.000	

S	Bezugskosten	H
(2)	11.000	

Feststellungen der Bp:

Die Eingangsrechnung für den Warenbezug ist zutreffend ohne Umsatzsteuer auf dem Wareneingangskonto gebucht worden.

Nach den Feststellungen des Betriebsprüfers hat der Spediteur seiner Rechnung auch einen zollamtlichen Beleg beigefügt, aus dem hervorgeht, dass die Waren für Herrn Bergmann eingeführt wurden und dass die entsprechende Einfuhrumsatzsteuer entrichtet worden ist.
Da die weiteren Voraussetzungen des § 15 Abs. 1 Nr. 2 UStG erfüllt sind, kann der Stpfl. die Einfuhrumsatzsteuer als Vorsteuer abziehen.

Die Frachtleistung des Spediteurs unterliegt als grenzüberschreitende Güterbeförderung gem. § 4 Nr. 3 UStG nicht der Umsatzsteuer. Somit ist ein Vorsteuerabzug aus dem Rechnungsbetrag nicht zulässig.

Mehr Einfuhrumsatzsteuer	-9.500
Weniger Vorsteuer	2.090
Saldo	-7.410

Änderungen durch die Bp:

USt-Schuld	vor Bp	nach Bp	weniger	Gewinn
31.12.2011	0	-7.410	7.410	7.410

1.53 Hinzuschätzung von Einnahmen

Der Stpfl.Werner Klos betreibt in München eine Gaststätte. Er erklärt für das Jahr 2011 gegenüber dem Finanzamt Umsatzerlöse aus dem Verkauf von Getränken i.H.v. netto 350.000 € (Sachkonto „Erlöse aus Getränkeverkauf"). Dem steht ein Warenelnsatz von 250.000 € gegenüber. Die Erlöse aus dem Speisenverkauf sind auf einem anderen Erlöskonto korrekt gebucht.

Buchungssätze (fortlaufend):

in 2011:

(1)	Kasse	2.594,20	an	Erlöse Getränkeverkauf	2.180,00
				Umsatzsteuer	414,20
(2)	...			...	
(3)	Wareneinkauf	1.560,00			
	Vorsteuer	296,40	an	Bank	1.856,40

(4)   ....

Buchung auf Konten:

S	Kasse	H
(1)	2.594,20	
(2)	...	

S	Bank	H
		1.856,40 (3)
		... (4)

S	Vorsteuer	H
(3)	296,40	
(4)	...	

S	Umsatzsteuer	H
		414,20 (1)
		... (2)

S	Wareneinkauf	H
(3)	1.560,00	
(4)	...	

S	Erlöse Getränkeverkauf	H
		2.180,00 (1)
		... (2)

Feststellungen der Bp:

Bei dem Stpfl. wurde für das Jahr 2011 eine Bp durchgeführt. Dabei stellte der Betriebsprüfer Folgendes fest:

In den Kassenbüchern wurden die Tageseinnahmen unvollständig eingetragen, die bar bezahlten Betriebsausgaben wurden nachträglich ergänzt. Die Prüfung ergab zudem, dass im Prüfungszeitraum Einzahlungen auf das betriebliche Bankkonto bei der B-Bank erfolgten. Diese Einzahlungen wurden als Privateinlagen erklärt. Deren Herkunft konnte jedoch vom Stpfl. nicht glaubhaft erläutert werden.

Der Betriebsprüfer hat daraufhin anhand des Wareneinkaufs und der Getränkekarten aus dem maßgeblichen Prüfungszeitraum die Erlöse aus dem Getränkeverkauf nachkalkuliert und dabei einen Umsatzfehlbetrag von netto 50.000 € ermittelt.

Der Prüfer beruft sich bei seiner Vorgehensweise auf die ständige Rechtsprechung des BFH sowie der Finanzgerichte (vgl. beispielhaft BFH vom 23.12.2004, BFH/NV 2005 S. 667 sowie FG Hamburg vom 24.6.2005, I 153/04; FG Köln vom 27.1.2009, 6 K 3954/07, EFG 2009 S. 1092).

Der Stpfl. bestreitet zunächst diese Differenz und wendet folgende Argumente dagegen ein:
– Durch häufigen Wechsel des Bedienungspersonals seien oftmals Falschbestellungen erfolgt.
– Gläser würden in seiner Gastwirtschaft besonders voll eingeschenkt (insbesondere beim Wein).
– Lieferanten und besonders guten Kunden müsse er hin und wieder einen „ausgeben".
– Die Kalkulation des Prüfers gehe davon aus, dass das Bier in 0,2 l Gläsern ausgeschenkt worden sei; dies gelte jedoch nur bis etwa April des geprüften Jahres. Danach habe er auf 0,25 l Gläser umgestellt.

Der Prüfer hat die Einwendungen überprüft und berücksichtigt. Die danach noch verbleibende Umsatzdifferenz i.H.v. 39.000 € wird vom Stpfl. nicht mehr bestritten.

Umsatzsteuerlich handelt es sich um einen Umsatz i.S.d. § 1 Abs. 1 Nr. 1 Satz 1 UStG, der mit dem Regelsteuersatz zu erfassen ist:

Umsatzfehlbetrag	39.000
Umsatzsteuer 19%	7.410
Brutto	46.410

Änderungen durch die Bp:

Privatentnahmen	vor Bp	nach Bp	mehr	Gewinn
2011	0	46.410	46.410	46.410

USt-Schuld	vor Bp	nach Bp	mehr	Gewinn
31.12.2011	0	7.410	7.410	-7.410

1.54 Entschädigung

Ein Gewerbetreibender erhält am 28.6.2011 nach einem Verkehrsunfall von der gegnerischen Versicherung einen Scheck über 19.000 € für entgangene Einnahmen. Der Scheck wurde auf dem privaten Girokonto gutgeschrieben. Mit dem Geld hat sich der Stpfl. einen längeren Urlaub finanziert.

Buchungssatz:

Der Betrag wurde bisher in der Buchführung nicht erfasst.

Feststellungen der Bp:

Die Zahlung der Versicherung stellt eine Entschädigung i.S.d. § 24 Nr. 1a EStG dar und ist daher als Betriebseinnahme (Umkehrschluss aus § 4 Abs. 4 EStG und § 15 Abs. 1 Nr. 1 EStG) zu erfassen (vgl. H 24.1 „Entschädigung i.S.d. § 24 Nr. 1a EStG" EStH 2011).

Der Vorgang ist aber nicht umsatzsteuerbar, da kein Leistungsaustausch i.S.d. § 1 Abs. 1 Nr. 1 UStG vorliegt.

Änderungen durch die Bp:

Privatentnahmen	vor Bp	nach Bp	mehr	Gewinn
2011	0	19.000	19.000	19.000

1.55 Schmerzensgeld

Neben der Entschädigung für entgangene Einnahmen (Fall zuvor) wurde zu einem späteren Zeitpunkt in 2011 aufgrund eines Gerichtsurteils von der Versicherung noch ein Schmerzensgeld i.H.v. 5.000 € gezahlt. Der Betrag ist auf dem betrieblichen Bankkonto eingegangen.

Buchungssatz:

in 2011:

    Bank   5.000   an   periodenfremde Erträge   5.000

Buchung auf Konten:

S	Bank	H
5.000		

S	Periodenfremde Erträge	H
		5.000

Feststellungen der Bp:

Es handelt sich bei dem gezahlten Schmerzensgeld nicht um Betriebseinnahmen, da Schmerzensgeld ausschließlich die private Lebenssphäre berührt.

Änderungen durch die Bp.:

Privateinlagen	vor Bp	nach Bp	mehr	Gewinn
2011	0	5.000	5.000	-5.000

1.56 Kfz-Steuer-Erstattung

Die Finanzkasse des Finanzamts Wiesbaden hat dem Einzelunternehmer S am 15.12.2010 einen Betrag von 895 € Kfz-Steuer für einen Pkw erstattet.

Buchungssatz:

in 2010:

    Bank   895   an   a. o. Erträge   895

Buchung auf Konten:

S	Bank	H
895		

S	a.o. Erträge	H
	895	

Feststellungen der Bp:

Bei dem o.g. Pkw handelte es sich um das Fahrzeug der Ehefrau des Unternehmers, das im Kalenderjahr 2010 ausschließlich privat genutzt wurde. Der Eingang des Erstattungsbetrages vom Finanzamt auf dem betrieblichen Bankkonto ist daher als Privateinlage zu behandeln.

Änderungen durch die Bp:

Privateinlagen	vor Bp	nach Bp	mehr	Gewinn
2010	0	895	895	-895

1.57 Warenentnahmen I

Der ledige Lebensmittelhändler Willi Walde (Einzelhändler mit Nahrungs- und Genussmitteln verschiedener Art) aus Stuttgart hat nach eigenen Angaben seine privaten Warenentnahmen für 2011 mit den Pauschbeträgen der amtlichen Richtsatzsammlung geschätzt. Einzelaufzeichnungen über seine Entnahmen hat er nicht geführt.

Buchungssatz:

in 2011:

Warenentnahmen	1.730,19	an	a. o. Erträge	1.617,00
			Umsatzsteuer	113,19

Buchung auf Konten:

S	Warenentnahmen	H
1.730,19		

S	a. o. Erträge	H
	1.617,00	

S	Umsatzsteuer	H
	113,19	

Feststellungen der Bp:

Bei den Warenentnahmen handelt es sich um nichtabzugsfähige Kosten der privaten Lebensführung (§ 12 Nr. 1 EStG). Der Gewerbetreibende wird damit steuerlich einer Privatperson gleichgestellt.

Nach den Feststellungen der Bp hat Willi Walde jedoch offenbar versehentlich für das Kalenderjahr 2011 die Werte für 2008 zugrunde gelegt.

Außerdem hat er umsatzsteuerlich sämtliche Entnahmen dem ermäßigten Steuersatz unterworfen.
Die korrekten Beträge für 2011 lauten:

netto für 1 Person	7%	1.169,00
netto für 1 Person	19%	565,00
gesamt netto		1.734,00

(vgl. BMF-Schreiben vom 22.8.2011, BStBl 2011 I S. 758).

Die gebuchten Entnahmewerte werden durch die Bp angepasst.

Umsatzsteuerlich ist ein Teil der entnommenen Waren mit 7%, ein Teil mit 19% zu besteuern. Der Prüfer ermittelt die noch zu versteuernden Beträge wie folgt:

	7%	19%
netto	1.169,00	565,00
Umsatzsteuer	81,83	107,35
brutto lt. Bp	1.250,83	672,35
brutto lt. Erklärung	-1.730,19	0,00
mehr/weniger lt. Bp brutto	-479,36	672,35
darin enthaltene USt	31,36	-107,35
mehr/weniger lt. Bp netto	-448,00	565,00

Privatentnahmen		
Minderung 7%	-479,36	
Erhöhung 19%	672,35	
mehr Privatentnahmen	192,99	

Umsatzsteuerschuld		
Minderung 7%	-31,36	
Erhöhung 19%	107,35	
mehr Umsatzsteuerschuld	75,99	

Änderungen durch die Bp:

Privatentnahmen	vor Bp	nach Bp	mehr	Gewinn
2011	0	192,99	192,99	192,99

USt-Schuld	vor Bp	nach Bp	mehr	Gewinn
31.12.2011	0	75,99	75,99	-75,99

1.58 Warenentnahmen II

Der Konditormeister Michael Meister betreibt in Darmstadt eine Bäckerei. Er ist verheiratet und hat 3 Kinder im Alter von 1, 5 und 13 Jahren. Da Herr Meister im Kalenderjahr 2011 keine Einzelaufzeichnungen über seine Warenentnahmen geführt hat, setzt er die Pauschbeträge nach der amtlichen Richtsatzsammlung wie folgt an:

Entnahmen zu 7%	netto	847,00	x 2	1.694,00
Entnahmen zu 19%	netto	430,00	x 2	860,00
Summe	netto			2.554,00

Buchungssatz:

in 2011:

Warenentnahmen	2.835,98	an	a. o. Erträge	2.554,00
			Umsatzsteuer	118,58
			Umsatzsteuer	163,40

Buchung auf Konten:

S	Warenentnahmen	H
2.835,98		

S	a. o. Erträge	H
	2.554,00	

S	Umsatzsteuer	H
	281,98	

Feststellungen der Bp:

Grundsätzlich ist es zulässig, dass Konditormeister Meister seine Warenentnahmen mit den Pauschbeträgen der Richtsatzsammlung berücksichtigt.

Diese werden jährlich vom Bundesministerium der Finanzen veröffentlicht. Die maßgebenden Werte für das Jahr 2011 ergeben sich aus dem BMF-Schreiben vom 22.8.2011, BStBl 2011 I S. 758.

Die Ordnungsmäßigkeit der Buchführung wird dadurch nicht berührt.

Die Richtwerte stellen die Jahreswerte für 1 Person dar. Dabei ist für Kinder zwischen 2 und 12 Jahren die Hälfte der Jahreswerte anzusetzen. Die Bp errechnet die Warenentnahmen für Familie Meister nach der Richtsatzsammlung wie folgt:

	7% (847,00)	19% (430,00)
1 Kind unter 2 Jahren	0,00	0,00
1 Kind zwischen 2 und 12 Jahren	423,00	215,00
1 Kind über 12 Jahren	847,00	430,00
2 Erwachsene	1.694,00	860,00
gesamt netto lt. Bp	2.964,00	1.505,00
gesamt netto vor Bp	1.694,00	860,00
mehr netto lt. Bp	1.270,00	645,00
mehr Umsatzsteuer lt. Bp	88,90	122,55
mehr Entnahme lt. Bp	1.358,90	767,55

Änderungen durch die Bp:

Privatentnahmen	vor Bp	nach Bp	mehr	Gewinn
2011	0	2.126,45	2.126,45	2.126,45

USt-Schuld	vor Bp	nach Bp	mehr	Gewinn
31.12.2011	0	211,45	211,45	-211,45

1.59 Betriebsveranstaltungen

Der Einzelunternehmer Jerome Wunderlich betreibt in Frankfurt eine Werbeagentur und beschäftigt 25 Mitarbeiter. Im September 2011 entstehen anlässlich einer ganztätigen Betriebsveranstaltung folgende Kosten:

	netto	USt 19%	brutto
Bootstour auf dem Main inkl. Frühstück	1.150,00	218,50	1.368,50
Mittagessen incl. Getränke	900,00	171,00	1.071,00
Eintrittskarten Cart-Bahn	500,00	95,00	595,00
Abendessen mit Gesangsauftritt	1.500,00	285,00	1.785,00
Summen	4.050,00	769,50	4.819,50

Buchungssatz:

in 2011:

Sonst. Personalkosten	4.050,00			
Vorsteuern	769,50	an	Sonst. Verbindlichkeiten	4.819,50

Buchung auf Konten:

S	Sonst. Personalkosten	H
4.050,00		

S	Vorsteuer	H
769,50		

S	Sonst. Verbindlichkeiten.	H
	4.819,50	

Feststellungen der Bp:

Da die Zuwendungen an die Arbeitnehmer anlässlich der Betriebsveranstaltung die Grenze zur Aufmerksamkeit übersteigen (110 € einschließlich Umsatzsteuer), hatte der Betriebsprüfer zunächst die Absicht, den Gesamtbetrag als steuerpflichtige Sachzuwendungen mit 19% der Umsatzsteuer zu unterwerfen (§ 3 Abs. 9a Nr. 2 UStG i.V.m. Abschnitt 1.8 Abs. 4 Nr. 6 UStAE). Im Laufe der Prüfung wurde ihm jedoch das BFH-Urteil vom 9.12.2010, V R 17/10 bekannt. Danach kann in den Fällen, in denen bereits bei Empfang der Eingangsleistungen beabsichtigt ist, diese ausschließlich und unmittelbar für eine Entnahme i.s.v. § 3 Abs. 9a UStG zu verwenden, kein Vorsteuerabzug in Anspruch genommen werden. Die Prüfung der Vorsteuerabzugsberechtigung ist vorrangig. Die Rechtsauslegung des Europäischen Gerichtshofs zwingt den BFH seine bisherige Rechtsprechung zu ändern (BFH-Urteil vom 9.12.2010, BStBl 2012 II S. 53 – Abschnitt 15.15 Abs. 1 UStAE).

Änderungen durch die Bp:

USt-Schuld	vor Bp	nach Bp	mehr	Gewinn
31.12.2011	0	769,50	769,50	-769,50

Anmerkung:
Solche Betriebsveranstaltungen unterliegen als geldwerte Vorteile auch der Lohnsteuer (R 19.5 LStR 2011). Der Prüfer wird eine entsprechende Mitteilung an die zuständige Lohnsteuer-Arbeitgeberstelle schicken.

1.60   Schuldzinsen I

Der Einzelunternehmer Paul Möller erwirbt im Mai 2011 eine Segelyacht zum Kaufpreis von 80.000 €. Die Segelyacht dient ausschließlich privaten Zwecken des Stpfl. Da Herr Möller nicht über entsprechende „flüssige Mittel" im Privatvermögen verfügt, überlegt er eine Finanzierung dieser Anschaffung über den Betrieb. Da auch das betriebliche Kontokorrentkonto bei der Stadtsparkasse bereits stark überzogen ist, vereinbart Herr Möller ein gesondertes Darlehen mit der Bank. Das Darlehen gelangt am 15.5.2011 zur Auszahlung und ist mit 6% verzinst. Die Zinszahlungen erfolgen monatlich, während die Tilgung einmal jährlich mit 10.000 € vereinbart ist, erstmals zum 15.5.2012.

Für 2011 wurden Zinsen zeitanteilig für 225 Tage berechnet:
80.000 € x 6% x 225/360 =   3.000 €

Buchungssätze:

in 2011:

(1)	Bank	80.000	an	Darlehen	80.000
(2)	Entnahmen	80.000	an	Bank	80.000
(3)	Zinsaufwand	3.000	an	Bank	3.000

Buchung auf Konten:

S	Bank		H
(1) 80.000		80.000	(2)
		3.000	(3)

S	Darlehen		H
		80.000	(1)

S	Entnahmen		H
(2) 80.000			

S	Zinsaufwand		H
(3) 3.000			

Feststellungen der Bp:

Das Darlehen ist privat veranlasst, da es tatsächlich zur Finanzierung einer Entnahme verwendet wird und dem Betrieb keine sonstigen entnahmefähigen Barmittel zur Verfügung standen. Die auf das Darlehen entfallenden Schuldzinsen sind dem privaten Bereich zuzuordnen (Umkehrschluss aus § 4 Abs. 4 EStG).

Anmerkung:

Der Betrag von 80.000 € ist nicht bei der Ermittlung der Entnahmen i.S.d. § 4 Abs. 4a EStG zu berücksichtigen (vgl. BMF-Schreiben vom 17.11.2005, BStBl 2005 I S. 1019).

Änderungen durch die Bp:

Privatentnahmen	vor Bp	nach Bp	weniger	Gewinn
2011	80.000	3.000	77.000	-77.000

Darlehen	vor Bp	nach Bp	weniger	Gewinn
31.12.2011	80.000	0	80.000	80.000

1.61　Schuldzinsen II

Der Kaufmann Heiner Busse hat seinen Betrieb im Januar 2010 eröffnet. Er unterhält bei seiner Bank ein betriebliches Girokonto, über das er sämtliche Betriebseinnahmen und Betriebsausgaben sowie Privateinlagen und Privatentnahmen abwickelt. Die Bank hat dafür im Jahr 2011 Schuldzinsen i.H.v. 4.300 € berechnet, die Herr Busse in voller Höhe als Betriebsausgaben gebucht hat.

Buchungssatz:

in 2011:

　　　Zinsaufwand　　　　　　4.300　　　an　　　Bank　　　　　　4.300

Buchung auf Konten:

S	Bank	H
		4.300

S	Zinsaufwand	H
4.300		

Feststellungen der Bp:

Die Betriebsprüferin untersucht, ob diese betrieblich veranlassten Schuldzinsen durch die Regelungen des § 4 Abs. 4a EStG ganz oder teilweise vom Abzug ausgeschlossen sein könnten. Dazu ermittelt sie folgende Daten:

	2010	2011
Gewinn	20.000,00	15.000,00
Einlagen	15.000,00	5.000,00
Entnahmen	-10.000,00	-70.000,00
Unterentnahme	25.000,00	
Überentnahme		-50.000,00

Anhand dieser Zahlen ergeben sich für 2010 Unterentnahmen i.H.v. 25.000 €, für 2011 Überentnahmen i. S. d. § 4 Abs. 4a Satz 2 EStG i.H.v. 50.000 €.

Für das Jahr 2010 ergeben sich keine weiteren Konsequenzen, während für 2011 nach Saldierung mit der Unterentnahme des Vorjahres noch eine Überentnahme i.H.v. 25.000 € verbleibt.

Der Hinzurechnungsbetrag ergibt sich mit 6% der Überentnahme:　　　　1.500 €

Zu beachten ist der Hinzurechnungshöchstbetrag nach § 4 Abs. 4a Satz 4 EStG, der sich anhand der tatsächlich entstandenen Schuldzinsen abzüglich eines Kürzungsbetrages von 2.050 € ergibt:

Tatsächliche Schuldzinsen	4.300,00
Kürzungsbetrag	-2.050,00
Höchstbetrag	2.250,00

Änderung durch die Bp:

Außerbilanzielle Zurechnung	vor Bp	nach Bp	mehr	Einkünfte aus Gewerbebetrieb
2011	0	1.500	1.500	1.500

1.62 VIP-Logen

Der Unternehmer Karl Becker ist seit Jahren sehr erfolgreich in der Werbebranche tätig. Zur Verbesserung und Intensivierung der Kundenbeziehungen hat er für die Fußball-Bundesliga Saison 2011/2012 eine VIP-Loge in der Münchner Allianz-Arena gemietet, die er bei allen Heimspielen des FC Bayern besucht und dazu jeweils bis zu 15 Kunden einlädt.

Der mit dem Stadionbetreiber abgeschlossene Vertrag sieht neben Werbeleistungen und sonstigen besonderen Serviceleistungen auch die Bewirtung der Geschäftsfreunde vor. Dafür zahlt Herr Becker ab August 2011 monatlich 8.000 € zzgl. 19% Umsatzsteuer.

Buchungssatz:

in 2011:

Werbekosten	40.000			
Vorsteuer	7.600	an	Bank	47.600

Buchung auf Konten:

S	Bank	H
		47.600

S	Vorsteuer	H
7.600		

S	Werbekosten	H
40.000		

Feststellungen der Bp:

Nach den Feststellungen der Bp enthält der vom Stpfl. gezahlte Gesamtpreis sowohl einen Anteil für Werbeleistungen, als auch Anteile für die Nutzung von Räumlichkeiten, die Überlassung von Eintrittskarten und die Bewirtung von Geschäftsfreunden.

Dabei sind die Aufwendungen für die Werbeleistungen und die Raumnutzung in voller Höhe als Betriebsausgaben abziehbar, während die Eintrittskarten als Geschenke der Beschränkung des § 4 Abs. 5 Satz 1 Nr. 1 EStG und die Bewirtungskosten der Beschränkung des § 4 Abs. 5 Satz 1 Nr. 2 EStG unterliegen.

Zu dieser Problematik hat sich die Finanzverwaltung bereits in mehreren Schreiben geäußert:

BMF-Schreiben vom 22.8.2005, BStBl 2005 I S. 845
BMF-Schreiben vom 30.3.2006, BStBl 2006 I S. 307 (zur Fußball-WM)
BMF-Schreiben vom 11.7.2006, BStBl 2006 I S. 447
BMF-Schreiben vom 28.11.2006, BStBl 2006 I S. 791

Nach Tz. 14 des Schreibens vom 22.8.2005 kann der in der Rechnung vereinbarte Gesamtbetrag aus Vereinfachungsgründen pauschal aufgeteilt werden:

Anteil für Werbung	40%	16.000	3.040
Anteil für Bewirtung	30%	12.000	2.280
Anteil für Geschenke	30%	12.000	2.280

Werbung:

Diese Aufwendungen bleiben in voller Höhe abziehbar, dies gilt auch für den Vorsteuerabzug.

Bewirtung:

Diese Aufwendungen sind nur zu 70% abziehbar, der Vorsteuerabzug bleibt in voller Höhe bestehen.
Außerbilanzielle Hinzurechnung (30% von 12.000,00 €):   3.600 €

Geschenke:

Nach den Ausführungen des Stpfl. entfallen die Aufwendungen in voller Höhe auf Geschäftsfreunde. Der Prüfer geht davon aus, dass Aufwendungen den Betrag von

35 € pro Empfänger und Geschäftsjahr übersteigen, so dass diese Kosten insgesamt nicht abziehbar sind. Nach § 15 Abs. 1a Nr. 1 UStG entfällt für diese Aufwendungen auch der Vorsteuerabzug in vollem Umfang.

Außerbilanzielle Hinzurechnung: 14.280 €

Änderungen durch die Bp:

Außerbilanzielle Zurechnung	vor Bp	nach Bp	mehr	Einkünfte aus Gewerbebetrieb
2011	0	17.880	17.880	17.880

USt-Schuld	vor Bp	nach Bp	mehr	Gewinn
31.12.2011	0	2.280	2.280	-2.280

Anmerkung:
Die Zuwendung der Eintrittsberechtigungen an die Geschäftsfreunde führt bei den Empfängern grundsätzlich immer auch zu steuerpflichtigen Einnahmen, die von diesen selbst zu versteuern sind. Ab dem 1.1.2007 besteht gem. § 37 b EStG ein Wahlrecht des zuwendenden Stpfl., die Einkommensteuer auf Sachzuwendungen an Arbeitnehmer oder Nichtarbeitnehmer mit einem Steuersatz von 30 % pauschal zu übernehmen und abzuführen. Hierzu werden im BMF-Schreiben vom 29.4.2008, BStBl 2008 I S. 566 ausführliche Anwendungshinweise gegeben. Danach gelten die bestehenden Vereinfachungsregelungen, die zur Aufteilung der Gesamtaufwendungen für VIP-Logen in Sportstätten und in ähnlichen Sachverhalten ergangen sind, unverändert (siehe oben). Der danach ermittelte, auf Geschenke entfallende pauschale Anteil stellt die Aufwendungen dar, die in die Bemessungsgrundlage nach § 37 b EStG einzubeziehen sind. Die Vereinfachungsregelungen zur Übernahme der Besteuerung (RdNrn. 16 und 18 des BMF-Schreibens vom 22.8.2005 und entsprechende Verweise im BMF-Schreiben vom 11.7.2006) sind ab dem 1.1.2007 nicht mehr anzuwenden.

1.63 Verkauf von Regenwürmern

Der Einzelunternehmer Kalli Köder verkauft in seinem Zoogeschäft u.a. Regenwürmer an Angler. In 2011 erzielte er damit Einnahmen von brutto 27.071 €.

Buchungssätze (zusammengefasst):

in 2011:

Kasse	27.071	an	Ertrag (7%)	25.300
			Umsatzsteuer	1.771

Buchung auf Konten:

S	Kasse	H
27.071		

S	Ertrag (7%)	H
	25.300	

S	Umsatzsteuer	H
	1.771	

Feststellungen der Bp:

Der Betriebsprüfer ist der Auffassung, dass die o.g. Umsätze dem vollen Umsatzsteuersatz unterliegen. Nach § 12 Abs. 2 UStG ermäßigt sich der Regelsteuersatz auf 7%, sofern es sich um einen Umsatz handelt, der sich auf einen in der Anlage zu § 12 Abs. 2 UStG genannten Gegenstand bezieht.

Nr. 1 der Anlage beinhaltet „lebende Tiere". Diese Vorschrift ist jedoch nicht anwendbar, da Regenwürmer dort nicht aufgeführt sind (abschließende Aufzählung).

Nr. 3 der Anlage begünstigt die Umsätze mit „Fischen, Krebstieren, Weichtieren und anderen wirbellosen Wassertieren, ausgenommen ...". Aufgrund dieser Vorschrift ist der Stpfl. der Auffassung, dass er die Umsätze mit Regenwürmern korrekt mit 7% der Umsatzsteuer unterworfen hat. Regenwürmer sind seiner Meinung nach „Weichtiere".

Bei Streitigkeiten zwischen Stpfl. und Finanzverwaltung über den Steuersatz ist die Einordnung des Gegenstandes in den Gemeinsamen Zolltarif der Europäischen Union und die darin verwendeten Begriffe maßgebend (BFH vom 9.2.2006, BStBl 2006 II S. 694). Kapitel 3 des Zolltarifs (Tarifnummer 03.07) erfasst „Weichtiere, auch ohne Schale, lebend, frisch, gekühlt, gefroren, getrocknet, gesalzen oder in Salzlake" (Verordnung (EU) Nr. 1006/2011 der Kommission vom 27.9.2011). Regenwürmer sind auch hier nicht ausdrücklich erwähnt. Es müsste sich daher um Weichtiere im Sinne dieser Vorschrift handeln. Die Einordnung erfolgt im Zolltarif nach zoologischen Merkmalen. Danach gehören Regenwürmer nicht zu den Weichtieren. Der gemeine Regenwurm (lumbricus terrestris), den der Stpfl. in seinem Geschäft verkauft, ist vielmehr ein Gliedertier.

Eine Zuordnung des gemeinen Regenwurms zu den „wirbellosen Wassertieren" (siehe Nr. 3 der Anlage zu § 12 Abs. 2 UStG) kommt deshalb nicht in Betracht, weil es sich nicht um Wassertiere handelt, sondern um Landtiere.

Auch Nr. 37 der Anlage („zubereitetes Futter") kommt nicht in Betracht, da es sich hierbei um Futter handeln muss, das aus der Verarbeitung ganzer Tiere oder von Teilen von Tieren gewonnen wird. Lebende Tiere werden durch diese Vorschrift nicht erfasst.

Eine andere Einordnung in die Anlage zu § 12 Abs. 2 UStG ist nicht möglich, so dass in der Tat die Erträge des Unternehmens mit dem Regelsteuersatz von 19% der Umsatzsteuer zu unterwerfen sind (vgl. FG Düsseldorf vom 25.4.1994, EFG 1994 S. 1123; bestätigt durch BFH vom 27.12.1994 VII R 60/94 (n.v.)).

Die Umsatzsteuer errechnet sich mit 19% aus dem Bruttobetrag:

Bruttoeinnahmen	27.071,00
netto	22.748,74
davon Umsatzsteuer mit 19%	4.322,26
vor Bp	1.771,00
mehr lt. Bp	2.551,26

Änderungen durch die Bp:

USt-Schuld	vor Bp	nach Bp	mehr	Gewinn
31.12.2011	0	2.551,26	2.551,26	-2.551,26

2. Einzelunternehmen mit Gewinnermittlung nach § 4 Abs. 3 EStG

2.1 Nicht erfasste Betriebseinnahmen

Der Architekt Armin Müller erklärt im Kalenderjahr 2011 folgende Betriebseinnahmen:

netto	320.500,00
Umsatzsteuer	60.895,00
brutto	381.395,00

Feststellungen der Bp:

Während der Bp bei Herrn Müller „findet" der Prüfer in einem Ordner, den er vom Stpfl. erhalten hat, folgende Ausgangsrechnungen:

Datum	netto	Umsatzsteuer	brutto
25.8.2011	15.400,00	2.926,00	18.326,00
13.9.2011	18.600,00	3.534,00	22.134,00
14.9.2011	23.200,00	4.408,00	27.608,00
23.9.2011	3.500,00	665,00	4.165,00
	60.700,00	11.533,00	72.233,00

Auf den Rechnungen sind Kontierungsstempel aufgedruckt. Danach hätten die Beträge als Betriebseinnahmen erfasst sein müssen. Der Prüfer kann sie jedoch mit Hilfe des Rechnungsdatums nicht auf Anhieb feststellen. Auch ein Abgleich zwischen sämtlichen Ausgangsrechnungen und den Aufzeichnungen über die Einnahmen führt zu keinem anderen Ergebnis.

Somit liegt ein Anfangsverdacht für Steuerhinterziehung oder Steuerverkürzung vor, so dass der Prüfer am nächsten Tag im Finanzamt mit der zuständigen Bußgeld- und Strafsachenstelle Kontakt aufnimmt. Im Hinblick auf die Höhe der offenbar nicht erklärten – d.h. nicht besteuerten – Einnahmen leitet diese ein Strafverfahren ein.

Am nächsten Tag eröffnet der Betriebsprüfer dem Architekten die Einleitung des Strafverfahrens. Dabei weist er ihn darauf hin, dass er zu dem strafbefangenen Sachverhalt keine weiteren Angaben mehr machen müsse. Er habe ein Aussageverweigerungsrecht. Bezüglich aller anderen Sachverhalte werde die Prüfung im Rahmen des Besteuerungsverfahrens fortgesetzt. Hier bleibe es auch bei den Auskunfts- und Mitwirkungspflichten (§ 90 AO).

Herr Müller erklärt sich jedoch bereit, auch bezüglich der o.g. Einnahmen Auskünfte zu erteilen und zur Aufklärung des Sachverhalts beizutragen.

Sowohl über die Einleitung des Strafverfahrens als auch über die Auskunftsbereitschaft des Herrn Müller fertigt der Prüfer einen Aktenvermerk, den er sich vom Stpfl. unterschreiben lässt.

Die weiteren Ermittlungen der Bp ergeben, dass tatsächlich die o.g. Ausgangsrechnungen nur kontiert, jedoch nicht gebucht worden sind. Der Stpfl. kann gegenüber der Bußgeld- und Strafsachenstelle nachweisen, dass sein Buchhalter vom 25.8. bis 25.9.2011 in Urlaub gewesen ist und während dieser Zeit eine Aushilfskraft gebucht hat. Diese glaubte, sie habe die o.g. Belege als Einnahmen erfasst; sie waren jedoch nur kontiert. Eine Absicht konnte weder dem Stpfl., noch der Aushilfskraft nachgewiesen werden, so dass die Bußgeld- und Strafsachenstelle lediglich ein Bußgeld i.H.v. 2.500 € festsetzte, das vom Stpfl. – einschließlich der nachzufordernden Steuern – auch gezahlt wurde. Daraufhin wurde das Strafverfahren eingestellt.

Änderungen durch die Bp:

Erhöhung der Betriebseinnahmen 2011 brutto um	72.233 €
Erhöhung der Umsatzsteuerschuld 2011 lt. Bp um	11.533 €

2.2   Vereinnahmung von Arzthonoraren

Der praktische Arzt Dr. Wohlfahrt hat die Kassenärztliche Vereinigung (KV) damit beauftragt, für ihn die Abrechnungen mit den Krankenkassen der gesetzlich versicherten Patienten durchzuführen.

Die Überweisungen von der KV an den Stpfl. erfolgen jeweils am 10. des Folgemonats. Da die KV um die Jahreswende personell stark belastet ist, bittet diese den Arzt, die Überweisung für den Monat Dezember 2011 erst Ende Januar 2012 vornehmen zu dürfen. Herr Dr. Wohlfahrt ist mit dieser Vorfahrensweise einverstanden.

Der Stpfl. erfasst die Überweisungen der KV für Dezember 2011 i.H.v. 45.000 € als Betriebseinnahmen des Jahres 2012.

Die von den gesetzlich Versicherten pro Quartal zu zahlende Praxisgebühr wird von der KV mit seinen Honoraren verrechnet. Herr Dr. Wohlfahrt hat im 4. Quartal 2011 Beträge i.H.v. 450 € vereinnahmt, die mit der Februar-Zahlung 2012 verrechnet werden. Der Stpfl. hat daraus keine weiteren Schlussfolgerungen für 2011 gezogen.

Darüber hinaus lässt Herr Wohlfahrt die Honorare von Privatpatienten durch eine Privatärztliche Verrechnungsstelle (PVS) einziehen. Die im Dezember 2011 von der PVS vereinnahmten Honorare i.H.v. 10.000 € werden Herrn Dr. Wohlfahrt nach Absprache am 15.1.2012 überwiesen. Er erfasst diese als Betriebseinnahmen des Jahres 2012.

Feststellungen der Bp:

Der Betriebsprüfer, der bis einschließlich des Veranlagungszeitraums 2011 einen Prüfungsauftrag hatte, verweist zunächst auf § 11 Abs. 1 EStG, wonach (Betriebs-) Einnahmen in dem Kalenderjahr bezogen werden, in dem sie dem Stpfl. zugeflossen sind. Nach § 11 Abs. 1 Satz 2 EStG gelten regelmäßig wiederkehrende (Betriebs-) Einnahmen, die dem Stpfl. kurze Zeit nach Beendigung des Kalenderjahres, zu dem sie wirtschaftlich gehören, zugeflossen sind, als in diesem Kalenderjahr bezogen.

Als 'kurze Zeit' i. d. S. gilt in der Regel ein Zeitraum von bis zu zehn Tagen (BFH vom 24.7.1986, BStBl 1987 II S. 16 und vom 6.11.2002, BFH/NV 2003 S. 169). Auf die Fälligkeit im Jahr der wirtschaftlichen Zugehörigkeit kommt es nicht an (BFH vom 23.9.1999, BStBl 2000 II S. 121; H 11 „Allgemeines" EStH 2011).

Honorare Kassenärztliche Vereinigung

Nach § 11 EStG müssten die Betriebseinnahmen Dezember 2011 erst in 2012 steuerlich erfasst werden, da sie nicht mehr „kurze Zeit" nach Ablauf des Kalenderjahrs bezogen wurden.

Herr Dr. Wohlfahrt hat jedoch bereits im Dezember 2011 über den Zahlungsbetrag wirtschaftlich verfügt, indem er dem späteren Zahlungszeitpunkt zustimmte. Er hätte der Anfrage der KV nicht nachkommen müssen, so dass das Geld bereits in 2011 zur Auszahlung gelangt wäre. Dies führt dazu, dass trotz Überschreitens der 10-Tage-Grenze diese Betriebseinnahmen noch im alten Jahr zu besteuern sind.

Praxisgebühr

Die vom Versicherten zu zahlende Praxisgebühr stellt beim Arzt eine Betriebseinnahme und keinen durchlaufenden Posten dar. Die zeitliche Erfassung dieser Betriebseinnahme richtet sich nach den allgemeinen Gewinnermittlungsgrundsätzen. Bei der Einnahmen-Überschuss-Rechnung wird die Einnahme grundsätzlich im Zeitpunkt des Zuflusses der Zuzahlung erfasst (BMF-Schreiben vom 25.5.2004, BStBl 2004 I S. 526 sowie H 4.5 (2) „Praxisgebühr" EStH 2011).

Honorare Privatärztliche Verrechnungsstelle

Honorare von Privatpatienten, die der Arzt durch die Privatärztliche Verrechnungs-stelle einziehen lässt, sind dem Arzt bereits mit dem Eingang bei der Privatärztlichen Verrechnungsstelle zugeflossen, § 11 Abs. 1 EStG. Das gilt auch dann, wenn der Arzt mit der Privatärztlichen Verrechnungsstelle die Abrechnung und Zuleitung der für ihn eingegangenen Honorare zu bestimmten Terminen vereinbart. Die Privatärzt-liche Verrechnungsstelle vereinnahmt die Beträge nur als Bevollmächtigte des Arztes (vgl. OFD Frankfurt/Main vom 3.3.2004, S 2226 A – 86 – St II 2.06, sowie H 11 „Arzthonorar" EStH 2011).

Änderungen durch die Bp:

Erhöhung der Betriebseinnahmen 2011 um   55.450 €

Anmerkung:

Die Betriebseinnahmen 2012 sind entsprechend zu mindern.

2.3   Honorarvereinbarung

Dem Rechtsanwalt Dr. Liebling steht aus einem Strafverteidigungsprozess gegen-über seinem Mandaten Don Alfonso noch eine Honorarforderung i.h.v. netto 15.000 € zzgl. 19% Umsatzsteuer zu. Herr Liebling hat aber auch noch Spielschulden i.H.v. 17.850 € bei Don Alfonso.

Am 20.12.2011 vereinbaren die beiden daher gegenseitig auf ihre jeweiligen Ansprü-che zu verzichten. Der Rechtsanwalt hat aus diesem Vorgang keine weiteren Folgen gezogen. Insbesondere hat er auch keine Betriebseinnahmen gebucht, da er kein Geld erhalten hat.

Feststellungen der Bp:

Der Betriebsprüfer findet per Zufall den Schuldschein, den Herr Liebling von seinem Mandanten am 20.12.2011 im Rahmen der Besprechung zurückerhalten hat. Auf Nachfrage erläutert Herr Liebling den Sachverhalt. Nach seiner Auffassung können hier überhaupt keine steuerpflichtigen Einnahmen vorliegen, da es sich um Spiel-schulden handele und diese in jedem Falle dem privaten Bereich zuzurechnen seien.

Der Betriebsprüfer ist hier ganz anderer Auffassung. Mit der Aufrechnung der Honorarforderung gegen die Spielschulden ist der Geldbetrag i.S.d. § 11 Abs. 1 EStG zugeflossen und anschließend für den privaten Zweck verwendet worden. Herr Liebling muss den Betrag von brutto 17.850 € als Betriebseinnahme erfassen.

Änderungen durch die Bp:

Erhöhung der Betriebseinnahmen 2011 um	17.850 €
Erhöhung der Umsatzsteuerschuld 2011 um	2.850 €

2.4 Umsatzsteuer

Der Rechtsanwalt Dr. Liebling hat im Kalenderjahr 2011 sämtliche Betriebsausgaben und Betriebseinnahmen netto in der Einnahmen-Überschuss-Rechnung erfasst.

Die in der Umsatzsteuer-Erklärung 2011 ermittelte Vorsteuer beträgt 125.600 €, die Umsatzsteuer 224.000 €. Die Vorauszahlungen i.H.v. 95.000 € hat der Stpfl. in 2011, die Umsatzsteuer-Zahllast i.H.v. 3.400 € in 2012 als Betriebsausgaben behandelt.

Feststellungen der Bp:

Ermittlung der Umsatzsteuernachzahlung:

	2011
Umsatzsteuer	224.000
Vorsteuer	-125.600
Vorauszahlungen	-95.000
Nachzahlung in 2012	3.400

Die verausgabten Vorsteuer-Beträge gehören zu den Betriebsausgaben (§ 4 Abs. 4 EStG); die vereinnahmte Umsatzsteuer zu den Betriebseinnahmen (§ 18 Abs. 1 Nr. 1 EStG; H 9b „Gewinnermittlung ..." EStH 2011). Die Vorauszahlungen von 95.000 € an das Finanzamt sind zutreffend bereits als Betriebsausgabe gebucht worden. Die Nachzahlung in 2012 ist ebenfalls als Betriebsausgabe zu behandeln.

Änderungen durch die Bp:

Erhöhung der Betriebseinnahmen 2011 um	224.000 €
Erhöhung der Betriebsausgaben 2011 um	125.600 €

2.5 Gerichtskosten

Der Steuerberater Karl Lang hat in 2011 mehrere Klagen gegen sein Finanzamt beim FG Kassel wegen
– Einkommensteuer 2005, 2006, 2007,
– Verspätungszuschlägen (Bescheide vom 10.10.2005 und 1.11.2006),
– Ablehnung der Aussetzung der Vollziehung der o.g. Einkommensteuerbescheide verloren. Die dabei angefallenen Gerichtskosten i.H.v. insgesamt 12.000 € hat er als Betriebsausgaben (Rechts- und Beratungskosten) geltend gemacht.

Feststellungen der Bp:

Bei den o.g. Gerichtskosten liegen nichtabzugsfähige Kosten der privaten Lebensführung vor (§ 12 Nr. 1 EStG), da es sich bei den die Kosten verursachenden Steuern und Nebenleistungen um nichtabzugsfähige Ausgaben i.S.d. § 12 Nr. 3 EStG handelt.

Änderungen durch die Bp:

Minderung der Betriebsausgaben 2011 um   12.000 €.

2.6 Durchlaufende Posten

Der Rechtsanwalt Dr. Knaus vereinnahmt am 20.12.2011 folgende Beträge von einem seiner Mandanten:

Gerichtskostenvorschuss (Einzahlung bei Gericht am 3.1.2012)		2.100,00
Honorarvorschuss	5.000,00	
Auslagen Porto, Telefon	200,00	
Umsatzsteuer	988,00	6.188,00
Gesamt		8.288,00

Herr Dr. Knaus erfasst den Gesamtbetrag von 8.288 € in 2011 als Betriebseinnahme, die Zahlung an das Gericht in 2012 als Betriebsausgabe.

Feststellungen der Bp:

Bei den Gerichtskosten handelt es sich um durchlaufende Posten i.S.d. § 4 Abs. 3 Satz 2 EStG, da es sich um Gelder handelt, die im Namen und für Rechnung eines anderen vereinnahmt und verausgabt werden. Diese führen bei der Gewinnermittlung nach § 4 Abs. 3 EStG trotz ihrer betrieblichen Veranlassung nicht zu Betriebseinnahmen oder Betriebsausgaben.

Hinsichtlich des Honorarvorschusses und der übrigen Auslagen sowie der Umsatzsteuer sind jedoch keine durchlaufenden Posten anzunehmen.

Änderungen durch die Bp:

Minderung der Betriebseinnahmen in 2011 um	2.100 €
Minderung der Betriebsausgaben in 2012 um	2.100 €

2.7   Gewillkürtes Betriebsvermögen

Frau Dr. Heidenreich ist als Zahnärztin selbständig tätig und ermittelt ihren Gewinn durch Einnahmen-Überschuss-Rechnung gem. § 4 Abs. 3 EStG. In einem Anlageverzeichnis zu ihrer Gewinnermittlung hat sie im Kalenderjahr 2011 die Anschaffungskosten eines PKW i.H.v. 30.000 € aufgeführt, den sie unstreitig zu 10% für betriebliche Zwecke nutzt. Die angefallenen Kfz-Kosten von 10.100 € für 2011 zog die Stpfl. in vollem Umfang als Betriebsausgaben ab und setzte den Wert der privaten Nutzung mit dem pauschalierten Betrag von 3.600 € pro Jahr nach § 6 Abs. 1 Nr. 4 Satz 2 EStG an (1 v. H.-Regelung).

Feststellungen der Bp:

Der Betriebsprüfer erkannte die Kfz-Kosten nur i.H.v. 10% als Betriebsausgaben an, denn das Fahrzeug gehöre nicht zum Betriebsvermögen, weil die Bildung gewillkürten Betriebsvermögens bei der Einnahmen-Überschuss-Rechnung ausgeschlossen sei.

Der BFH hat mit Urteil vom 2.10.2003, BStBl 2004 II S. 985 entschieden, dass die Bildung gewillkürten Betriebsvermögens auch bei einer Gewinnermittlung durch Einnahmen-Überschuss-Rechnung (§ 4 Abs. 3 EStG) möglich ist. Die Zuordnung eines gemischt genutzten Wirtschaftsguts zum gewillkürten Betriebsvermögen scheidet aber aus, wenn das Wirtschaftsgut nur in geringfügigem Umfang, d.h. zu weniger als 10 v. H., betrieblich genutzt wird. Der Nachweis der Zuordnung zum gewillkürten Betriebsvermögen ist in unmissverständlicher Weise durch entsprechende, zeitnah erstellte, Aufzeichnungen zu erbringen. Ein sachverständiger Dritter, z.B. ein Betriebsprüfer, muss daher ohne eine weitere Erklärung des Stpfl. die Zugehörigkeit des erworbenen oder eingelegten Wirtschaftsguts zum Betriebsvermögen erkennen können (vgl. BMF-Schreiben vom 17.11.2004, BStBl 2004 I S. 1064). Hierzu vgl. auch das Urteil des FG Rheinland-Pfalz vom 23.9.2010, EFG 2011 S. 1313 sowie das anhängige Revisionsverfahren vor dem BFH (VIII R 12/11).

Somit kann auch im vorliegenden Fall der Pkw als gewillkürtes Betriebsvermögen der Zahnarztpraxis behandelt werden. Für die private Nutzung des Fahrzeugs ist eine Entnahme gem. § 4 Abs. 1 Satz 2 EStG i.V.m. § 6 Abs. 1 Nr. 4 EStG anzusetzen.

Nach der Regelung des § 6 Abs. 1 Nr. 4 Satz 2 EStG wird jedoch die Anwendung der 1%-Regelung auf Fahrzeuge des notwendigen Betriebsvermögens (betriebliche Nutzung von mehr als 50%) beschränkt, so dass der Entnahmewert nach § 6 Abs. 1 Nr. 4 Satz 1 EStG zu ermitteln und mit den auf die geschätzte private Nutzung (90 %) entfallenden Kosten anzusetzen ist.

Für 2011 erhöht sich der private Nutzungsanteil wie folgt:

Kosten	10.100
davon 90%	9.090
Privatanteil bisher	3.600
Erhöhung	5.490

Änderungen durch die Bp:

Minderung der Betriebsausgaben 2011 um   5.490 €

2.8 Grundstücksveräußerung

Der Architekt Markus Meister hat vor Jahren ein unbebautes Grundstück unmittelbar neben seinem Wohnhaus erworben mit der festen Absicht, dort ein Gebäude für sein Architekturbüro zu erstellen. Daher hat er dieses Grundstück zulässigerweise als Betriebsvermögen behandelt und auch in das nach § 4 Abs. 3 Satz 5 EStG zu führende Verzeichnis aufgenommen. Die Anschaffungskosten betrugen insgesamt 28.000 €.

Aufgrund der schlechten Auftragslage hat Herr Meister Mitte 2011 die Erweiterungspläne aufgegeben und sich zum Verkauf des Grundstücks entschlossen. Am 22.12.2011 wurde schließlich der Kaufvertrag unterzeichnet, der Übergang von Nutzen und Lasten erfolgte am gleichen Tage.

Der Kaufpreis von 40.000 € wurde am 4.1.2012 gezahlt und auch im Jahr 2012 als Betriebseinnahme erfasst. Die Eintragung des Eigentumswechsels im Grundbuch erfolgt ebenfalls erst in 2012.

Der Stpfl. erfasste die Anschaffungskosten des Grundstücks i.H.v. 28.000 € bereits in 2011 als Betriebsausgaben, da Nutzen und Lasten bereits übergegangen sind.

Feststellungen der Bp:

Bei der Beurteilung dieses Sachverhaltes ist die Regelung des § 4 Abs. 3 Satz 4 EStG zu beachten, wonach die Anschaffungs- oder Herstellungskosten für nicht abnutzbare Wirtschaftsgüter des Anlagevermögens, für Anteile an Kapitalgesellschaften, für Wertpapiere und vergleichbare nicht verbriefte Forderungen und Rechte, für Grund und Boden sowie Gebäude des Umlaufvermögens erst im Zeitpunkt des Zuflusses des Veräußerungserlöses oder bei Entnahme im Zeitpunkt der Entnahme als Betriebsausgaben zu berücksichtigen sind.

Da der Kaufpreis erst in 2012 zufließt, dürfen auch erst dann die Anschaffungskosten als Betriebsausgabe angesetzt werden.

Änderungen durch die Bp:

Minderung der Betriebsausgaben in 2011 um   28.000 €
Erhöhung der Betriebsausgaben in 2011 um   28.000 €

2.9 Ratenvereinbarung

Der praktische Arzt Dr. Claus Clausen veräußert am 30.9.2010 seinen zu 80% beruflichen genutzten und daher zum notwendigen Praxisvermögen gehörenden Pkw für 12.000 €. Der noch nicht abgeschriebene Restwert beträgt im Zeitpunkt der Veräußerung 9.000 €. Mit dem Erwerber wurde eine Ratenzahlung von drei gleichen Jahresraten i.h.v. jeweils 4.000 € vereinbart, zahlbar jeweils zum 30.9. in den Jahren 2010, 2011 und 2012. Die Umsatzsteuer soll hier unberücksichtigt bleiben.

Herr Dr. Clausen möchte nach Möglichkeit den Gewinn aus der Veräußerung erst im Jahr 2012 versteuern, hat aber im Rahmen seiner Einnahmen-Überschuss-Rechnung für 2010 folgende Berechnung angestellt:

	2010
Kaufpreis	12.000,00
Restwert	-9.000,00
Gewinn	3.000,00

Feststellungen der Bp:

Die Bp weist den Stpfl. darauf hin, dass er bei der Versteuerung dieses Sachverhalts mehrere Wahlmöglichkeiten hat.

Die volle Versteuerung im Jahr der Veräußerung, wie vom Stpfl. erklärt, kommt jedoch nicht in Betracht, da die Kaufpreisraten 2011 und 2012 im Jahr 2010 noch nicht zugeflossen sind (§ 11 EStG).

Folgende Möglichkeiten ergeben sich jedoch alternativ:

a) Verteilung des Restwerts

Der Stpfl. kann in jedem Kalenderjahr der Ratenzahlung abweichend von § 4 Abs. 3 Satz 4 EStG einen Teilbetrag der noch nicht als Betriebsausgabe berücksichtigten Anschaffungs- oder Herstellungskosten in Höhe der in demselben Wirtschaftsjahr zufließenden Kaufpreisraten als Betriebsausgaben absetzen (vgl. R 4.5 (5) EStR 2008).

	2010	2011	2012
Einnahme	4.000,00	4.000,00	4.000,00
Betriebsausgabe	-4.000,00	-4.000,00	-1.000,00
Gewinn	0,00	0,00	3.000,00

b) Restwert als Betriebsausgabe in Jahr der Veräußerung

Der Stpfl. kann aber auch den Restwert im Jahr der Veräußerung als Betriebsausgabe ansetzen und im Übrigen die Kaufpreisraten im Jahr des Zuflusses als Betriebseinnahme erfassen.

	2010	2011	2012
Einnahme	4.000,00	4.000,00	4.000,00
Betriebsausgabe	-9.000,00	0,00	0,00
Gewinn	-5.000,00	4.000,00	4.000,00

Gewinn	2010	2011	2012
vor Prüfung	3.000,00	0,00	0,00
nach Prüfung	0,00	0,00	3.000,00

Herr Dr. Clausen entscheidet sich für Variante a)

Änderungen durch die Bp:

Minderung des Gewinns in 2010 um   3.000 €

Erhöhung des Gewinns in 2012 um   3.000 €

Anmerkung:

Da das Jahr 2012 noch nicht Gegenstand der Prüfung ist, muss der Stpfl. von sich aus den Gewinn von 3.000 € erklären. Der Prüfer veranlasst eine entsprechende Mitteilung an die Veranlagungsstelle, damit die zutreffende Besteuerung überwacht wird.

2.10 Darlehen

Die Zahnärztin Michaela Geiger hat sich in 2010 selbständig gemacht. Zur Ausstattung ihrer Praxis hat sie teilweise gebrauchte Geräte von einem älteren Kollegen, Herrn Dr. Zahn, übernommen, der ihr für die Übernahme einen langfristigen mit 5% verzinslichen und erst ab 2013 zu tilgenden Kredit eingeräumt hat.

Zum Teil hat Frau Geiger aber auch neue Geräte angeschafft, die sie mit einem Bankkredit und einem Darlehen ihrer Eltern finanziert hat. Der Kredit der Eltern ist ebenfalls mit 5% verzinst. Die Kredite wurden ausschließlich für abnutzbare Wirtschaftsgüter des Anlagevermögens aufgenommen.

Kredit Dr. Zahn	15.000,00
Kredit Eltern	25.000,00
Bankkredit	130.000,00
Gesamt	170.000,00

Im Januar 2011 ist Herr Dr. Zahn überraschend verstorben, so dass das Darlehen von Frau Geiger nicht mehr zurückzuzahlen war. Im Mai 2011 schließlich verzichteten die Eltern anlässlich der Hochzeit von Frau Dr. Geiger auf die Rückzahlung ihres Darlehens.

Die Darlehensgewährungen in 2010 und auch deren Wegfall in 2011 wurden insgesamt nicht in der Einnahmen-Überschuss-Rechnung erfasst.

Feststellungen der Bp:

Nach Feststellung der Prüferin sind die Darlehensvereinbarungen allesamt steuerlich anzuerkennen, da sie klar und eindeutig, von vornherein abgeschlossen und auch tatsächlich durchgeführt wurden. Die Stpfl. hat die Zinszahlungen zutreffend als Betriebsausgaben erfasst.

Die Aufnahme und Rückzahlung von Darlehen beeinflussen die Gewinnermittlung nach § 4 Abs. 3 EStG grundsätzlich nicht, ebenso wenig wie der Wegfall eines Darlehens aus privaten Gründen. Allerdings führt der Wegfall einer betrieblichen Darlehensverbindlichkeit (Herr Dr. Zahn) aus betrieblichen Gründen zur Gewinnerhöhung (Umkehrschluss aus BFH vom 2.9.1971, BStBl 1972 II S. 334 sowie vom 20.7.2007, BFH/NV 2007 S. 1888).

Änderungen durch die Bp:

Erhöhung der Betriebseinnahmen in 2011 um   15.000 €

3.   Freiberufler mit Gewinnermittlung nach § 4 Abs. 1 EStG

3.1   Noch nicht abgerechnete Leistungen

Die Rechtsanwältin Barbara Sonntag ermittelt ihren Gewinn freiwillig durch Betriebsvermögensvergleich nach § 4 Abs. 1 EStG. Sie hat für zahlreiche Mandanten in unterschiedlichen Instanzen Prozesse geführt, die am 31.12.2010 mit Gerichtsent-
scheidungen abgeschlossen sind. Rechtskraft ist jedoch bisher in keinem der Fälle
eingetreten, so dass die Stpfl. ihre Honoraransprüche noch nicht geltend gemacht
hat. Sie hat dies im Laufe des 1. Quartals 2011 nachgeholt. Vorher hat sie die Zeit
genutzt, um Rechtsmittel gegen die vorliegenden Urteile einzulegen und diese zu
begründen.

Buchungssatz:

in 2011:

Forderungen	57.120	an	Erträge	48.000
			Umsatzsteuer	9.120

Buchung auf Konten:

S	Forderungen	H
57.120		

S	Erträge	H
	48.000	

S	Umsatzsteuer	H
	9.120	

Feststellungen der Bp:

Da Frau Sonntag freiwillig ihren Gewinn nach § 4 Abs. 1 EStG ermittelt, ist sie verpflichtet, alle Forderungen, auf die sie am Bilanzstichtag einen Anspruch nach der
Gebührenordnung oder aufgrund von Einzelvereinbarungen mit ihren Mandanten
hat, zu bilanzieren. Dies gilt unabhängig davon, ob sie bereits Rechnungen über ihre
erbrachten Leistungen erstellt hat oder nicht.

Maßgebend ist allein die Entstehung eines einklagbaren Honoraranspruchs vor dem
Bilanzstichtag.

Der Betriebsprüfer lässt sich zur Ermittlung der Honoraransprüche die Ausgangsrechnungen des 1. Halbjahres 2011 vorlegen. Aus den einzelnen Rechnungen ist
jeweils das Datum der Gerichtsentscheidung einer Instanz ersichtlich. Nach der Gebührenordnung hat die Anwältin nach Beendigung einer Instanz einen einklagbaren
Honoraranspruch. Auf anderen Rechnungen ist vermerkt, dass vor dem 31.12. aufgrund von Einzelvereinbarungen mit den Mandanten Honoraransprüche entstanden
sind.

Der Prüfer ermittelt die Ansprüche wie folgt:

nach der Gebührenordnung	41.000,00
Einzelvereinbarungen	15.800,00
Summe Nettobeträge	56.800,00
Umsatzsteuer	10.792,00
Brutto	67.592,00

Änderungen durch die Bp:

Bilanzposten Erbrachte Leistungen	vor Bp	nach Bp	mehr	Gewinn
2010	0	67.592	67.592	67.592

USt-Schuld	vor Bp	nach Bp	mehr	Gewinn
31.12.2010	0	10.792	10.792	-10.792

Anmerkung:

Der Prüfer weist die Stpfl. darauf hin, dass sie im Kalenderjahr 2011 die Umsätze um
netto 48.000 € verringern kann, da diese Rechnungsbeträge in den aktivierten Leistungen zum 31.12.2010 bereits enthalten sind. Außerdem verringert sich die Umsatzsteuerschuld 2011 um 9.120 €.

3.2 Wertberichtigung auf Forderungen

Der Zahnarzt Dr. Krone, der freiwillig Bücher führt, hat in seiner Bilanz zum
31.12.2011 folgende Forderungen aktiviert:

Forderungen an Kassenpatienten	247.500
Forderungen an Privatpatienten	328.000
Insgesamt:	575.500

Gleichzeitig hat er pauschale Wertberichtigungen i.H.v. 4% von 575.500 € = 23.020 € passiviert, da er mit Forderungsausfällen rechnet.

Buchungssätze (zusammengefasst):

in 2011:

(1)	Ford. Kassenpatienten	247.500	an	Erlöse	247.500
(2)	Ford. Privatpatienten	328.000	an	Erlöse	328.000
(3)	AfA auf Forderungen	23.020	an	Wertberichtigungen	23.020

Buchung auf Konten:

S	Ford. Kassenpatienten	H
(1)	247.500	

S	Ford. Privatpatienten	H
(2)	328.000	

S	Wertberichtigung	H
	23.020	(3)

S	Erlöse	H
	247.500	(1)
	328.000	(2)

S	AfA Forderungen	H
(3)	23.020	

Feststellungen der Bp:

Der Betriebsprüfer lässt sich durch den Stpfl. nachweisen, in welcher Höhe in der Vergangenheit Forderungen ausgefallen sind. Pauschale Wertberichtigungen auf Forderungen sind steuerlich nur in der Höhe zulässig, in der nach der betrieblichen Erfahrung der Vergangenheit mit Ausfällen zu rechnen ist.

Herr Dr. Krone errechnet einen durchschnittlichen Ausfall in den vergangenen Jahren bei den Forderungen an Privatpatienten i.H.v. 3%; bei Forderungen an Kassenpatienten gab es in der Vergangenheit keine Ausfälle.

Durch die Bp ermitteln sich die Wertberichtigungen somit wie folgt:

Kassenpatienten	247.500	0%	0
Privatpatienten	328.000	3%	9.840
gesamt lt. Bp			9.840
vor Bp			23.020
weniger lt. Bp			13.180

Änderungen durch die Bp:

Bilanzposten Wertberichtigungen	vor Bp	nach Bp	weniger	Gewinn
31.12.2011	23.020	9.840	13.180	13.180

3.3 Verkauf eines Kraftfahrzeugs

Der Forstwirt Egon Baum möchte sich ein neues Auto kaufen. Er veräußert daher sein altes Fahrzeug, das bereits auf den Erinnerungswert von 1 € abgeschrieben ist, an die Auto-Verkaufs-GmbH. Die Erwerberin erteilt dem Forstwirt am 5.3.2011 eine Gutschrift wie folgt:

Sie verkauften uns ein gebrauchtes Fahrzeug zum Preis von

netto	8.403,36
Umsatzsteuer	1.596,64
brutto	10.000,00

Buchungssatz:

in 2011:

Bank	10.000,00	an	Kraftfahrzeuge	1,00
			a. o. Ertrag	9.032,42
			Umsatzsteuer (10,7%)	966,58

Buchung auf Konten:

S	Bank	H
10.000,00		

S	Kraftfahrzeuge	H
	1,00	

S	a. o. Ertrag	H
	9.032,42	

S	Umsatzsteuer	H
	966,58	

Feststellungen der Bp:

Gem. § 24 Abs. 1 Nr. 3 UStG ist die Umsatzsteuer für sogenannte Hilfsumsätze der land- und forstwirtschaftlichen Betriebe, hier die Veräußerung des Kraftfahrzeugs, auf 10,7% festgesetzt.

In gleicher Höhe steht dem Land- und Forstwirt ein Vorsteuerabzug zu, § 24 Abs. 1 Satz 3 UStG, so dass es nicht zu einer Zahllast kommt.

Die Erwerberin hatte grundsätzlich die Möglichkeit, über die Lieferung des Kraftfahrzeuges eine Gutschrift mit gesondertem Vorsteuerausweis zu erteilen (§ 14 Abs. 5 UStG). Sie hat sich jedoch nicht vergewissert, ob der Leistende Umsatzsteuer mit 19 oder mit 10,7% in Rechnung stellen darf.

Da die Gutschrift der GmbH als Rechnung des Forstwirts gilt, muss der Forstwirt grundsätzlich die darin ausgewiesene Umsatzsteuer auch an das Finanzamt abführen. Er hat in Höhe der Differenz zwischen 10,7 und 19% die Steuer zu hoch ausgewiesen (§ 14c Abs. 1 UStG) und muss sie daher auch an das Finanzamt zahlen (Abschnitt 14c.1 Abs. 3 sowie Abschnitt 24.9 Sätze 3 und 4 UStAE):

Brutto-Gutschrift	10.000,00
in der Gutschrift ausgewiesene USt	1.596,64
gebuchte USt	966,58
unberechtigt ausgewiesene USt	630,06

Änderungen durch die Bp:

USt-Schuld	vor Bp	nach Bp	mehr	Gewinn
31.12.2011	0	630,06	630,06	-630,06

Anmerkung:

Gem. § 14c Abs. 1 Satz 2 UStG hat der Forstwirt jedoch die Möglichkeit, eine Berichtigung der Gutschrift durch den Aussteller zu verlangen und dann nach § 17 Abs. 1 UStG auch den geschuldeten Steuerbetrag zu berichtigen. Bei seinen Bemühungen, eine berichtigte Gutschrift zu erlangen, stellte er jedoch fest, dass die Auto-Verkaufs-GmbH mittlerweile Insolvenz angemeldet hat und er daher keine neue Gutschrift erhalten kann. Es verbleibt daher bei der o.g. Steuernachzahlung.

4. Personengesellschaften mit Gewinnermittlung nach § 5 Abs. 1 EStG

4.1 Sonderbetriebsvermögen

Die Brüder Emil und Dieter Schwarz sind zusammen mit ihrem Vater Heinrich Schwarz Gesellschafter der Schwarz & Söhne Baustoffhandel OHG. In 2010 haben Emil und Dieter ein unbebautes Grundstück neben dem eigentlichen Betriebsgrundstück erworben und dort auf eigene Kosten eine Lagerhalle errichtet (Fertigstellung im Dezember 2010, Nutzung ab 2.1.2011). Die Lagerhalle wird an die OHG gegen eine monatliche Pachtzahlung i.H.v. 3.000 € überlassen und dient ausschließlich den Zwecken der OHG. Die in 2011 angefallenen laufenden Kosten i.H.v. 3.500 € sowie die Schuldzinsen i.H.v. 11.000 € für die aufgenommenen Darlehen i.H.v. insgesamt 220.000 € wurden von den Gesellschaftern privat getragen.

	AK/HK
Grundstück	22.000
Lagerhalle	198.000

Sie haben für 2011 folgende Einkünfte aus Vermietung und Verpachtung erklärt, die den Gesellschaftern Dieter und Emil je zur Hälfte zugerechnet wurden:

Einkommensteuer 2011	V + V
Mieteinnahmen	36.000
Schuldzinsen	-11.000
AfA (4%) gem. § 7 Abs. 4 Satz 2 EStG	-7.920
Laufende Kosten	-3.500
Überschuss	13.580

In der Buchhaltung der OHG wurden lediglich folgende Beträge erfasst:

Buchungssätze:

2011:

Pachten   36.000   an   Bank   36.000

Buchung auf Konten:

S	Pachten	H
36.000		

S	Bank	H
	36.000	

Feststellungen der Bp:

Zum Betriebsvermögen einer Personengesellschaft gehört neben dem Gesamt-handsvermögen der Mitunternehmer, das sich aus der Hauptbilanz ergibt, auch das Sonderbetriebsvermögen der Gesellschafter. Zum Sonderbetriebsvermögen zählen insbesondere Wirtschaftsgüter, die im Eigentum eines oder mehrerer Mitunterneh-mer stehen und der Gesellschaft zur Nutzung überlassen werden (R 4.2 (2) sowie (12) EStR 2008).

An die Personengesellschaft zur betrieblichen Nutzung vermietete Grundstücke oder Grundstücksteile, die im Eigentum eines oder mehrerer Gesellschafter stehen, sind notwendiges Sonderbetriebsvermögen (BFH vom 2.12.1982, BStBl 1983 II S. 215; H 4.2 (12) „Notwendiges Sonderbetriebsvermögen" EStH 2011).

Da das Grundstück samt Lagerhalle durch die Nutzungsüberlassung an die OHG in vollem Umfang den Zwecken der Personengesellschaft dient, ist es dem notwendi-gen Sonderbetriebsvermögen zuzurechnen.

Dies gilt auch für die Darlehensverbindlichkeit, die zur Finanzierung des Erwerbs und der Errichtung der Lagerhalle aufgenommen wurde. Das Darlehen ist notwendiges negatives Sonderbetriebsvermögen der Gesellschafter Dieter und Emil.

Die Mieteinnahmen sind Sonderbetriebseinnahmen, die „Werbungskosten" Sonder-betriebsausgaben der Gesellschafter; die Einkünfte sind solche aus Gewerbebetrieb (§ 15 Abs. 1 Nr. 2 EStG). Sie werden den Gesellschaftern im Rahmen der gesonder-ten und einheitlichen Feststellung der Einkünfte (§ 180 Abs. 1 Nr. 2a AO) vorab zu-gerechnet. § 15 EStG hat somit Vorrang vor § 21 EStG:

Gewinnermittlung 2011	OHG
Mieteinnahmen § 15 Abs. 1 Nr. 2 EStG	36.000
Sonderbetriebsausgaben	-22.420
Gewinnerhöhung	13.580

Die Gewinnerhöhung entfällt je zur Hälfte auf die Gesellschafter Dieter und Emil. Außerdem sind Sonderbilanzen für jeden Gesellschafter aufzustellen, in denen ei-nerseits anteilig die aktiven Wirtschaftsgüter Grund u. Boden und Lagerhalle, andererseits das passive Wirtschaftsgut Darlehen (Stand zum 31.12.2011: 200.000 €) aufzunehmen sind:

Sonderbilanzen zum 31.12.2011 (je Gesellschafter)			
Aktiva			Passiva
Grundstück	11.000	Eigenkapital	6.040
Gebäude	95.040	Darlehen	100.000
Summe	106.040	Summe	106.040

Die daraus resultierende Nachzahlung von Gewerbesteuer soll an dieser Stelle aus Vereinfachungsgründen unberücksichtigt bleiben.

Änderungen durch die Bp:

Korrektur der Einkünfte aus Vermietung und Verpachtung:
Da gleichzeitig die Einkünfte aus Vermietung und Verpachtung der Gesellschafter bei deren privater Einkommensteuer um die bereits erklärten Einkünfte vermindert werden müssen, ergibt sich zunächst für das Jahr 2011 mit Ausnahme einer möglichen gewerbesteuerlichen Auswirkung noch keine Änderung.

Im Falle einer Veräußerung oder einer Entnahme des Grundstücks ist jedoch ein etwaiger Gewinn steuerpflichtig.

4.2 Private Gebäudekosten

Die Gesellschafter der Schwarz & Söhne Baustoffhandel OHG wohnen in einem im Jahre 2007 fertig gestellten Mehrfamilienhaus, das am Rande des ursprünglichen Betriebsgrundstücks errichtet worden ist. Da dieses Gebäude ausschließlich den privaten Wohnzwecken der Gesellschafter dient, wurde es von vornherein als Privatvermögen behandelt, während der dazugehörige Grund und Boden im Jahre 2007 mit den zutreffenden Werten entnommen wurde.

Allerdings werden die Kosten für den Verbrauch von Strom, Wasser und Gas von der OHG übernommen, ohne dass entsprechende Weiterbelastungen erfolgen. Die Gesellschaft hat lediglich im Kalenderjahr 2011 für jeden der drei Gesellschafter Schwarz einen Privatanteil für verbrauchte Energie von netto 800 € gewinnerhöhend gebucht.

Umsatzsteuerlich hat die Gesellschaft die Vorsteuer um insgesamt 456 € gekürzt, da bisher sämtliche Kosten als Betriebsausgaben behandelt und damit die in den Eingangsrechnungen ausgewiesenen Umsatzsteuerbeträge in voller Höhe als Vorsteuer abgezogen worden waren.

Buchungssätze (zusammengefasst):

2011:

Privatentnahmen	2.856	an	Stromkosten	950
			Wasser	550
			Gas	900
			Vorsteuer	456

Buchung auf Konten:

S	Privatentnahmen	H
2.856		

S	Stromkosten	H
	950	

S	Wasser	H
	550	

S	Gas	H
	900	

S	Vorsteuer	H
	456	

Feststellungen der Bp:

Die Energiekosten für das Mehrfamilienwohnhaus der Gesellschafter stellen Kosten der privaten Lebensführung dar (§ 12 Nr. 1 EStG) und sind daher ertragsteuerlich als Privatentnahmen zu behandeln.

Nach den Feststellungen des Betriebsprüfers sind die bisher angesetzten Werte jedoch nach den Preisverhältnissen des Jahres 2011 als zu niedrig anzusehen.

Umsatzsteuerlich ist grundsätzlich die Vorsteuer zu kürzen, da bei den Energielieferungen an die Gesellschafter keine Leistungen an das Unternehmen vorliegen. Dabei ist jedoch zu beachten, dass auf die Wasserrechnung nur Umsatzsteuer in Höhe des ermäßigten Steuersatzes (7%) entfällt (§ 12 Abs. 2 Nr. 1 UStG).

In Übereinstimmung mit der Gesellschaft und den Gesellschaftern werden folgende Werte als Privatentnahmen ermittelt:

Gesamtkosten 2011	netto	Vorsteuer	gesamt
Stromkosten (19%)	2.200	418	2.618
Gas (19%)	2.500	475	2.975
Wasser (7%)	900	63	963
Gesamt	5.600	956	6.556

Änderungen durch die Bp:

Privatentnahmen	vor Bp	nach Bp	mehr	Gewinn
2011	2.856	6.556	3.700	3.700

Vorsteuerkürzung	vor Bp	nach Bp	mehr	Gewinn
2011	456	956	500	-500

4.3 Rückstellung für Prozesskosten

Die Heinrich Fiedler GmbH & Co KG hat aufgrund von Umsatzrückgängen in den Jahren 2007 und 2008 zahlreiche Arbeitnehmer entlassen müssen.

Einige von ihnen klagten daraufhin vor dem zuständigen Arbeitsgericht, um die Entscheidung des Arbeitgebers überprüfen zu lassen. Die Verfahren befanden sich 2010 vor dem Bundesarbeitsgericht. Die Urteile sind am 30.12.2010 in mündlicher Verhandlung ergangen. Die Klagen der ehemaligen Arbeitnehmer wurden abgewiesen. Die schriftlichen Urteilsgründe wurden den Beteiligten am 19.3.2011 zugestellt. Die Bilanz zum 31.12.2010 wurde am 27.3.2011 durch den Wirtschaftsprüfer testiert

Die KG hat in ihren Handels- und Steuerbilanzen Rückstellungen für Prozesskosten – in steigender Höhe – wie folgt gebildet:

31.12.2009	75.000
31.12.2010	125.000

Buchungssatz:

2010:

Rechts- und Beratungskosten   50.000   an   RSt Prozesskosten   50.000

Buchung auf Konten:

S   Rechts- und Beratungskosten   H
50.000	

S   Rückstellung Prozesskosten   H
	50.000

Feststellungen der Bp:

Die Rückstellungen für Prozesskosten sind zum 31.12.2010 aufzulösen, da die Entscheidungen des Bundesarbeitsgerichts bereits vor dem Bilanzstichtag vorgelegen haben. Auf den Zeitpunkt der schriftlichen Begründung kommt es nicht an. Vielmehr hat der Kaufmann seine Vermögenslage am Bilanzstichtag darzulegen. Am 31.12. war der KG der für sie positive Ausgang der Verfahren bekannt, so dass am Stichtag keine Rückstellung mehr zulässig bzw. erforderlich ist (R 5.7 EStR 2008).

Änderungen durch die Bp:

Bilanzposten Rückstellungen	vor Bp	nach Bp	weniger	Gewinn
31.12.2010	125.000	0	125.000	125.000

4.4   Ausscheiden eines Gesellschafters

An der Wilhelm Michel KG sind folgende Gesellschafter beteiligt:

Wilhelm Michel	500.000	Komplementär
Werner Michel	200.000	Kommanditist
Wolfgang Michel	100.000	Kommanditist
Winfried Michel	100.000	Kommanditist

Der 60-jährige Kommanditist Werner Michel veräußert mit Wirkung zum 1.6.2011 die Hälfte seines Mitunternehmeranteils an seinen Sohn Wolfgang. In diesem Zusammenhang entstehen Werner Michel bei mehreren Rechtsanwälten und bei seinem Steuerberater Rechts- und Beratungskosten in folgender Höhe:

netto	25.600
Umsatzsteuer	4.864
brutto	30.464

Der Veräußerungsgewinn (§ 16 Abs. 1 Nr. 2 i.V.m. Abs. 2 EStG) beträgt unstrittig 160.000 € und wurde im Rahmen der gesonderten und einheitlichen Gewinnfeststellung der Einkünfte bei der KG dem Gesellschafter vorab zugerechnet.

Buchungssatz:

2011:

Rechts- und Beratungskosten	25.600			
Vorsteuer	4.864	an	Bank	30.464

Buchung auf Konten:

S Rechts- und Beratungskosten H
25.600	

S	Vorsteuer	H
4.864		

S	Bank	H
		30.464

Feststellungen der Bp:

Die Rechts- und Beratungskosten stehen im Zusammenhang mit der Veräußerung des Mitunternehmeranteils von Werner Michel. Sie können daher nicht als Betriebsausgaben der KG berücksichtigt werden, sondern sind bei der Ermittlung des Veräußerungsgewinns nach § 16 Abs. 2 EStG als Veräußerungskosten anzusetzen (H 16 (12) „Veräußerungskosten„ EStH 2011).

Die geltend gemachte Vorsteuer ist bei der KG nicht abzugsfähig, da die Rechts- und Beratungskosten nicht für das Unternehmen erbracht worden sind (§ 15 Abs. 1 Nr. 1 UStG), sondern für den Gesellschafter.

Änderungen durch die Bp:

Privatentnahmen Werner Michel	vor Bp	nach Bp	mehr	Gewinn
2011	0	30.464	30.464	30.464

USt-Schuld	vor Bp	nach Bp	mehr	Gewinn
31.12.2011	0	4.864	4.864	-4.864

Veräußerungs-gewinn	vor Bp	nach Bp	weniger	Gewinn
2011	160.000	129.536	30.464	-30.464

Anmerkung:

Die korrekte Zurechnung der Rechts- und Beratungskosten in die Ermittlung des Veräußerungsgewinns hat im übrigen zur Folge, dass für diesen Veräußerungsgewinn nach § 16 Abs. 4 EStG ein höherer Freibetrag zur Anwendung kommen kann. Der stpfl. Teil des Veräußerungsgewinns unterliegt dem ermäßigten Steuersatz (§ 34 EStG).

	vor Bp		nach Bp	
Freibetrag		45.000		45.000
Veräußerungsgewinn	160.000		129.536	
Grenzbetrag	136.000		136.000	
übersteigender Betrag	24.000	-24.000	0	0
verbleibender Freibetrag		21.000		45.000

4.5 Versicherungsteuer

Die Speditionsgesellschaft Heinrich Flott OHG hat die am 1. 1. 2011 fälligen Versicherungsprämien für ihre Lastkraftwagen am 2. 1. 2011 für ein Jahr im Voraus gezahlt:

Versicherungsprämien	16.100
Versicherungsteuer	3.059
gesamt	19.159

Buchungssatz:

2011:

Versicherungen	16.100			
Vorsteuer	3.059	an	Bank	19.159

Buchung auf Konten:

S	Versicherungen	H
16.100		

S	Vorsteuer	H
3.059		

S	Bank	H
	19.159	

Feststellungen der Bp:

Nach § 4 Nr. 10 UStG sind Leistungen auf Grund eines Versicherungsverhältnisses i.S.d. Versicherungsteuergesetzes umsatzsteuerfrei. Die Prämienrechnung der Versicherungsgesellschaft kann daher keine Umsatzsteuer enthalten, so dass auch die Flott OHG keine Vorsteuer geltend machen kann.

Nachdem der Buchhalter den Beleg aus dem Archiv herausgesucht hatte, stellte sich schnell heraus, dass er bei der Buchung der Prämienrechnung die Versicherungsteuer mit der Vorsteuer verwechselt hatte.

Änderungen durch die Bp:

USt.Schuld	vor Bp	nach Bp	mehr	Gewinn
31.12.2011	0	3.059	3.059	-3.059

4.6 Betriebsaufspaltung

Die Schmitt-GmbH mit Sitz in Frankfurt ist Produktionsbetrieb für elektronische Geräte. Gesellschafter sind:

Axel Schmitt   20%
Bernd Schmitt   15%
Carl Schmitt   50%
Ernst Müller   15%

Das Unternehmen wird auf einem vom Vater der Brüder Schmitt gepachteten Grundstück samt Gebäuden betrieben. Technische Anlagen und Maschinen stehen im Eigentum der GmbH. Die angemessene jährliche Pacht i.H.v. 120.000 € wird von der GmbH als Betriebsausgabe behandelt und vom Vater im Rahmen der Einkünfte aus Vermietung und Verpachtung versteuert.

Nach dem Tod des Vaters am 3.1.2009 erben die 5 Brüder Axel, Bernd, Carl sowie Dietmar und Eugen zu gleichen Teilen. Sie beschließen, das Pachtverhältnis mit der Schmitt GmbH fortzusetzen und vereinbaren, dass für die laufenden Geschäfte des täglichen Lebens die einfache Mehrheit der Stimmen bei der GbR ausreicht.

Zu Beginn des Jahres 2011 veräußern Axel und Bernd ihre Anteile an der Schmitt GmbH an einen Dritten, Carl bleibt weiterhin mit 50% beteiligt.

Im Rahmen einer im Jahre 2012 durchgeführten Bp ergeben sich folgende Fragen hinsichtlich der Qualifizierung der Einkünfte und der Bilanzierung der Wirtschaftsgüter:

Welche Einkünfte erzielt die Erbengemeinschaft in den Jahren 2009 und 2010 im Zusammenhang mit der Verpachtung des bebauten Grundstücks? Unterliegen die Einkünfte auch der Gewerbesteuer? Wie wirkt sich die Veräußerung der Anteile im Jahr 2011 auf die Qualifizierung der Einkünfte aus?

Der Prüfer untersucht den Prüfungsfall und kommt zu folgenden Ergebnissen:

1. Einkünfte der Erbengemeinschaft

Die Mitglieder der Erbengemeinschaft erzielen in den Jahren 2009 und 2010 Einkünfte aus Gewerbebetrieb nach § 15 Abs. 1 Nr. 2 EStG. Es liegt eine sogenannte unechte Betriebsaufspaltung vor, da die Voraussetzungen für die Annahme der Betriebsaufspaltung nicht durch einen Aufspaltungsvorgang, sondern durch den Eintritt der Erbengemeinschaft in das Pachtverhältnis entstanden sind. Die Schmitt-GmbH nutzt wesentliche Betriebsgrundlagen, die im Eigentum der Gemeinschaft stehen. Die personelle Verflechtung wird dadurch sichergestellt, dass die das Besitzunternehmen beherrschende Personengruppe auch im Betriebsunternehmen ihren Willen durchsetzen kann. Durch die gesondert getroffene Vereinbarung wird das Einstimmigkeitserfordernis der Beschlussfassung in der GbR abbedungen.

Besitzunternehmen		Betriebsunternehmen	
Axel	20%	Axel	20%
Bernd	20%	Bernd	15%
Carl	20%	Carl	50%
zusammen	60%	zusammen	85%

Die Qualifizierung als gewerbliche Einkünfte trifft auch die Brüder Dietmar und Eugen, auch wenn sie am Betriebsunternehmen nicht beteiligt sind (Abfärbetheorie). Die GmbH Anteile von Axel, Bernd und Carl gehören zum notwendigen Sonderbetriebsvermögen des Besitzunternehmens, so dass auch die entsprechenden Gewinnausschüttungen hier zu erfassen sind.

Die Wirtschaftsgüter sind mit dem Teilwert nach § 6 Abs. 1 Nr. 5 EStG in das Betriebsvermögen einzulegen.

2. Gewerbesteuer

Die gewerblichen Einkünfte der Erbengemeinschaft unterliegen auch der Gewerbesteuer, da eine Beteiligung am allgemeinen wirtschaftlichen Verkehr anzunehmen ist.

3. Auswirkungen der Anteilsveräußerung

Mit der Veräußerung der GmbH-Anteile durch Axel und Bernd entfallen die Voraussetzungen für die personelle Verflechtung. Die Erbengemeinschaft erzielt nunmehr Einkünfte aus Vermietung und Verpachtung, die Wirtschaftsgüter sind im Zuge einer Betriebsaufgabe i.S.d. § 16 Abs. 3 EStG mit ihrem gemeinen Wert in das Privatvermögen zu überführen.

Die Aufdeckung der stillen Reserven kann auch nicht durch eine Betriebsverpachtung im Ganzen vermieden werden, da im vorliegenden Fall nur ein Grundstück, nicht jedoch ein gesamter lebender Betrieb verpachtet wurde.

5. Personengesellschaften mit Gewinnermittlung nach § 4 Abs. 3 EStG

5.1 Freiberufliche – gewerbliche Tätigkeit

Die Geschwister Adam und Eva Müller betreiben in Wiesbaden die Tanzschule Müller Gesellschaft bürgerlichen Rechts (GbR). Im Rahmen des Tanzunterrichts verkauft einer der angestellten Tanzlehrer für die GbR an die Tanzschülerinnen und Tanzschüler Getränke. Außerdem wird alle 14 Tage ein Tanztee veranstaltet, zu dem auch Ehemalige eingeladen sind. Auch bei diesen Veranstaltungen werden Getränke zum Kauf angeboten.

Die GbR ermittelt im Rahmen einer Einnahmen-Überschuss-Rechnung ihre gesamten Einkünfte und teilt diese in ihrer Erklärung zur gesonderten und einheitlichen Feststellung (§ 180 Abs. 1 Nr. 2a AO) wie folgt auf:

Einkünfte aus selbständiger Arbeit (Tanzunterricht):	198.000	(90%)
Einkünfte aus Gewerbebetrieb (Getränkeverkauf):	22.000	(10%)
Einkünfte insgesamt:	220.000	

Feststellungen der Bp:

Gem. § 2 Abs. 1 GewStG unterliegt jeder stehende inländische Gewerbebetrieb der Gewerbesteuer. Dabei ist unter Gewerbebetrieb ein gewerbliches Unternehmen i.S.d. EStG zu verstehen.

Nach § 15 Abs. 3 Nr. 1 EStG gilt in vollem Umfang als Gewerbebetrieb die mit Einkünfteerzielungsabsicht unternommene Tätigkeit einer Personengesellschaft, wenn die Gesellschaft – z. B. neben ihrer freiberuflichen – auch eine Tätigkeit nach § 15 Abs. 1 Nr. 1 EStG (also eine gewerbliche) ausübt.

Personengesellschaft in diesem Sinne ist auch eine GbR (vgl. Urteil des BFH vom 10.8.1994, BStBl 1995 II S. 171). Im Unterschied zur sog. gemischten Tätigkeit eines Einzelunternehmers, bei dem eine gleichzeitige gewerbliche und freiberufliche Betätigung selbst bei sachlichen und wirtschaftlichen Berührungspunkten dieser Tätigkeiten in der Regel getrennt zu beurteilen ist (vgl. z.B. BFH vom 11.7.1991, BStBl 1992 S. 413 sowie vom 2.10.2003, BStBl 2004 II S. 363), bedingt die Regelung des § 15 Abs. 3 Nr. 1 EStG bei gemischt tätigen Personengesellschaften eine Umqualifizierung von nicht gewerblichen Tätigkeiten durch eine gleichzeitig ausgeübte gewerbliche Tätigkeit (vgl. H 15.6 „Gesellschaft" 4. Abs. EStH 2011 sowie R 15.8 (5) EStR 2008 und Sächsisches FG vom 5.12.2002, 2 K 691/01, SIS 033906).

Unerheblich dabei ist, ob der gewerblichen Tätigkeit im Rahmen des gesamten Unternehmens nur geringfügige wirtschaftliche Bedeutung zukommt. Lediglich bei einem Anteil der originär gewerblichen Tätigkeit von 1,25% der Gesamtumsätze greift die Umqualifizierung nicht ein (vgl. H 15.8 (5) „Geringfügige gewerbliche Tätigkeit" EStH 2011 und BFH vom 11.8.1999, BStBl 2000 II S. 229).

Nach dem Urteil des BVerfG vom 15.1.2008 (1 BvL 2/04, HFR 2008 S. 755) verstößt es nicht gegen den Gleichheitssatz, dass nach § 15 Abs. 3 Nr. 1 EStG (sogenannte Abfärberegelung) die gesamten Einkünfte einer Personengesellschaft als Einkünfte aus Gewerbebetrieb gelten und damit der Gewerbesteuer unterliegen, wenn die Gesellschaft auch nur teilweise eine gewerbliche Tätigkeit ausübt.

Somit sind durch die Bp die Einkünfte aus der Tanzschule Müller GbR als Einkünfte aus Gewerbebetrieb zu behandeln.

Änderungen durch die Bp:

Die gewerbesteuerpflichtigen Einkünfte aus Gewerbebetrieb (§ 15 Abs. 1 Nr. 1 EStG) erhöhen sich durch die Bp wie folgt:

Einkünfte vor Prüfung	22.000
Einkünfte aus Tanzunterricht	198.000
Einkünfte aus § 15 EStG nach Prüfung	220.000

Die Einkünfte aus selbständiger Arbeit mindern sich durch die Bp:

Einkünfte vor Prüfung	198.000
Einkünfte aus Tanzunterricht	-198.000
Einkünfte aus § 18 EStG nach Prüfung	0

6.   Kapitalgesellschaften mit Gewinnermittlung nach § 5 Abs. 1 EStG

6.1   Kauf eines Betriebsgrundstücks

Eine große Hotelkette, die H-AG, erwirbt mit Vertrag vom 25.6.2011 ein Grundstück mit Gebäude in München, um darauf ein weiteres Hotel zu eröffnen.
Nutzen und Lasten gehen am 1.8.2011 auf die Erwerberin über. Der Grund und Boden hat eine Fläche von 700 qm. Das Gebäude wurde im Jahre 1965 erbaut und befindet sich in gutem Zustand.

Die Anschaffungskosten einschließlich aller Nebenkosten betragen 9.000.000 €. Das Unternehmen berücksichtigt für den Grund und Boden einen Wert von 3.000 € pro qm.

Buchungssätze:

2011:

(1)	Grund und Boden	2.100.000			
	Gebäude	6.900.000	an	Darlehen	9.000.000
(2)	AfA 2011	57.500	an	Gebäude	57.500

Die AfA 2011 nach § 7 Abs. 4 Nr. 2a EStG wurde mit 2% x 5/12 berechnet.

Buchung auf Konten:

S	Grund und Boden	H
(1)	2.100.000	

S	Gebäude	H		
(1)	6.900.000		57.500	(2)

S	Darlehen	H		
			9.000.000	(1)

S	AfA	H
(2)	57.500	

Feststellungen der Bp:

Der Betriebsprüfer hat sich zur Überprüfung des Grund und Boden-Werts an den

Gutachterausschuss der Stadt München gewandt. Nach dessen Auskunft liegt der Wert des Grund und Bodens im Bereich des erworbenen Hotels zwischen 4.000 € und 6.000 €/qm.

Nach diversen Einwendungen der Geschäftsleitung des Unternehmens wird der Grund und Boden von der Bp mit 5.000 €/qm – einvernehmlich – angesetzt.

Durch den Prüfer wird daher die Abschreibung für das Hotel wie folgt neu berechnet:

Gesamt-AK	9.000.000 €
davon Grund und Boden: 700 qm x 5.000 € =	3.500.000 €
verbleiben für das Gebäude	5.500.000 €
in 2011:	
2% AfA für 5 Monate	45.834 €
AfA bisher	57.500 €
Weniger AfA lt. Bp	11.666 €

Änderungen durch die Bp:

Bilanzposten Grund u. Boden	vor Bp	nach Bp	mehr	Gewinn
31.12.2011	2.100.000	3.500.000	1.400.000	1.400.000

Bilanzposten Gebäude	vor Bp	nach Bp	weniger	Gewinn
31.12.2011	6.842.500	5.454.166	1.388.334	-1.388.334

Anmerkung:

Die durch die Bp angesetzten und von den Vertretern der AG akzeptierten Werte für den Grund und Boden und für das Gebäude entsprachen in diesem Fall den Teilwerten der Wirtschaftsgüter.

Werden mehrere Wirtschaftsgüter gleichzeitig zu einem Gesamtkaufpreis erworben, muss dieser nach dem Verhältnis der Teilwerte der einzelnen Wirtschaftsgüter aufgeteilt werden (H 7.3 „Kaufpreisaufteilung" EStH 2011 sowie BFH vom 10.10.2000, BStBl 2001 II S. 183).

6.2   Verkauf eines Fahrzeugs

Die M-GmbH verkauft am 30.9.2011 einen betrieblichen Pkw an die Tochter des Alleingesellschafters Fridolin Metzler zum Preis von 10.000 € zzgl. 1.900 € Umsatzsteuer.

Der Pkw hat unstreitig einen Wert, der auch am Markt erzielbar wäre, von 20.000 € zzgl. 3.800 € Umsatzsteuer. Der Buchwert des Pkw beträgt im Zeitpunkt des Verkaufs 8.000 €.

Buchungssatz:

2011:

Forderungen	11.900	an	Pkw	8.000
			Erlöse Anlagenverkauf	2.000
			Umsatzsteuer	1.900

Buchung auf Konten:

S	Forderungen	H
11.900		

S	Pkw	H
	8.000	

S	Umsatzsteuer	H
	1.900	

S	Erlöse Anlagenverkauf	H
	2.000	

Feststellungen der Bp:

Nach Feststellung der Bp liegt eine verdeckte Gewinnausschüttung gem. § 8 Abs. 3 KStG vor, da hier einer dem beherrschenden Gesellschafter-Geschäftsführer nahestehenden Person ein Vermögensvorteil zugewendet wird. Nach der ständigen Rechtsprechung des BFH liegt eine verdeckte Gewinnausschüttung dann vor, wenn die nachstehenden Tatbestandsmerkmale erfüllt sind (vgl. hierzu auch R 36 Abs. 1 KStR 2004):

– Vermögensminderung, verhinderte Vermögensmehrung

– Veranlassung durch das Gesellschaftsverhältnis

– Auswirkung auf den Unterschiedsbetrag i.S.d. § 4 Abs. 1 EStG

– nicht auf einem den gesellschaftsrechtlichen Vorschriften entsprechenden Gewinnverteilungsbeschluss beruhend

Im vorliegenden Falle liegt eine verhinderte Vermögensmehrung vor, weil der Pkw ohne weiteres an einen fremden Dritten zu einem höheren Preis hätte verkauft werden können. Die Ursache liegt im Gesellschaftsverhältnis begründet, weil der Gesellschafter-Geschäftsführer durch seine Machtstellung in der GmbH und seine persönlichen Beziehungen zu seiner Tochter die Abwicklung des Geschäftes ermöglicht hat. Die Auswirkung auf den Unterschiedsbetrag i.S.d. § 4 Abs. 1 EStG ergibt sich dadurch, dass der Gewinn bei Vereinbarung eines höheren Kaufpreises entsprechend höher ausgefallen wäre. Ein Zusammenhang mit einer offenen Gewinnausschüttung ist nicht erkennbar.

Der Prüfer ermittelt folgende verdeckte Gewinnausschüttung und legt dabei den gemeinen Wert für den Pkw zugrunde (vgl. H 37 „Hingabe von Wirtschaftsgütern" KStH 2008):

Gemeiner Wert des Pkw	23.800 €
tatsächlicher Kaufpreis	-11.900 €
verdeckte Gewinnausschüttung	11.900 €

Die verdeckte Gewinnausschüttung ist mit 11.900 € bei der Ermittlung des zu versteuernden Einkommens außerbilanziell hinzuzurechnen.

Die Umsatzsteuer ist nicht nach dem tatsächlich vereinbarten und gezahlten Entgelt, sondern gem. § 3 Abs. 1b Nr. 3 UStG i. V. m. § 10 Abs. 4 Nr. 1 UStG und § 10 Abs. 5 Nr. 1 UStG nach dem Einkaufspreis zu bemessen.

In der Rechnung darf der höhere Umsatzsteuerbetrag ausgewiesen werden (§ 14 Abs. 1 Satz 1 UStG i. V. m. Abs. 3 Satz 2 UStG).

Da im vorliegenden Falle der Einkaufspreis (entspricht dem Wiederbeschaffungspreis gem. Abschnitt 10.6 Abs. 1 UStAE) über dem tatsächlich vereinbarten Preis liegt, ist ein solcher Anwendungsfall gegeben. Die Umsatzsteuer ist mit 3.800 € statt 1.900 € festzusetzen.

Änderungen durch die Bp:

USt-Schuld	vor Bp	nach Bp	mehr	Gewinn
31.12.2011	0	1.900	1.900	-1.900

Außerbilanzielle Zurechnung (vGA)	vor Bp	nach Bp	mehr	Einkommen
2011	0	11.900	11.900	11.900

Hinweis:

Löst eine verdeckte Gewinnausschüttung Umsatzsteuer aus, ist diese bei der Gewinnermittlung nicht zusätzlich nach § 10 Nr. 2 KStG hinzuzurechnen (R 37 KStR).

Zur Besteuerung der vGA auf Ebene des Gesellschafters Metzler erfolgt grundsätzlich der Abzug von Abgeltungsteuer (Kapitalertragsteuer und Solidaritätszuschlag) durch die Gesellschaft, so dass die Einkommensteuer des Gesellschafters durch den Steuerabzug abgegolten ist. Dies gilt unter der Voraussetzung, dass Metzler die Beteiligung im Privatvermögen hält.

Bei Halten der Beteiligung im Betriebsvermögen gilt das sog. Teileinkünfteverfahren, so dass die Dividende zu 40 % nach § 3 Nr. 40 EStG steuerfrei bleibt. Die Versteuerung erfolgt dann mit dem persönlichen Steuersatz.

Anmerkung:

Die verdeckte Gewinnausschüttung kann zusätzlich noch Schenkungsteuer auslösen. Nach Tz. 2.6.1 i.V.m. Tz. 6.1 der gleichlautenden Erlasse der obersten Finanzbehörden der Länder vom 14.3.2012, BStBl 2012 I S. 331, liegt bei (überhöhten) Vergütungen an eine nahestehende Person regelmäßig keine freigebige Zuwendung des Gesellschafters an die nahestehende Person vor, sondern eine (gemischte) freigebige Zuwendung im Verhältnis der Kapitalgesellschaft zur nahe stehenden Person (BFH vom 7.11.2007, BStBl 2008 II S. 258).

6.3   Lieferung von Brennstoffen

An der Berger GmbH sind Gustav, Heinrich und Wilhelm Berger mit je 1/3 beteiligt. Am 20. 10. 2011 stellt die Firma Heizöl-Express für 20.000 l Heizöl folgende Rechnung:

20.000 l Heizöl zu je 0,65 € =	13.000 €
zzgl. 19% Umsatzsteuer =	2.470 €
Gesamt	15.470 €

Buchungssatz:

2011:

Betriebskosten	13.000			
Vorsteuer	2.470	an	Sonstige Verbindlichkeiten	15.470

Buchung auf Konten:

S	Betriebskosten	H
13.000		

S	Vorsteuer	H
2.470		

S	Sonstige Verbindlichkeiten	H
	15.470	

Feststellungen der Bp:

Der Betriebsprüfer hat die Rechnung geprüft und zunächst auch keine Beanstandungen geäußert. Im Rahmen der Betriebsbesichtigung war ihm jedoch aufgefallen, dass der Heizöltank im Betriebsgebäude auf keinen Fall eine Kapazität von 20.000 l aufnehmen kann. Auf Rückfrage erklärte der Geschäftsführer, dass der Tank lediglich 12.000 l Fassungsvermögen habe, jedoch fast vollständig leer gewesen sei. Diese Aussage veranlasst nunmehr den Prüfer zu weiteren Rückfragen, insbesondere, weshalb in der Rechnung 20.000 l berechnet wurden, der Tank im Betriebsgebäude jedoch maximal 12.000 l fasse.

Die angeforderten Lieferscheine brachten Klarheit. So ergab sich, dass der Rechnung zwei Lieferscheine zugrunde lagen:
1. Lieferung Betriebsgebäude: 11.500 l
2. Lieferung Wohnhaus Gustav Berger: 8.500 l

Nach Feststellung der Bp handelt es sich hier um eine verdeckte Gewinnausschüttung nach § 8 Abs. 3 KStG, da einem Gesellschafter ein Vermögensvorteil zugewendet wird. Nach der ständigen Rechtsprechung des BFH liegt eine verdeckte Gewinnausschüttung dann vor, wenn die in Fall 6.2 genannten Tatbestandsmerkmale erfüllt sind (vgl. hierzu auch R 36 Abs. 1 KStR 2004).

Im vorliegenden Fall liegt eine Vermögensminderung vor, weil private Kosten für das Heizöl im Wohnhaus des Gustav Berger von der GmbH getragen wurden. Die Ursache liegt im Gesellschaftsverhältnis begründet, weil ein fremder Dritter unter sonst gleichen Umständen diesen Vermögensvorteil nicht erhalten hätte. Die Auswirkung auf den Unterschiedsbetrag i.S.d. § 4 Abs. 1 EStG ergibt sich dadurch, dass der Gewinn ohne die Buchung der anteiligen Kosten entsprechend höher ausgefallen wäre. Ein Zusammenhang mit einer offenen Gewinnausschüttung ist nicht erkennbar.

Der Prüfer ermittelt folgende verdeckte Gewinnausschüttung und legt dabei die gebuchten Kosten für das Heizöl zugrunde:

Heizöl Wohnhaus	
8.500 l x 0,65 €	5.525
Umsatzsteuer (gerundet)	1.050
Wert der verdeckten Gewinnausschüttung	6.575

Die verdeckte Gewinnausschüttung ist mit 6.575 € bei der Ermittlung des zu versteuernden Einkommens außerbilanziell hinzuzurechnen.

Bei der Umsatzsteuer ist die Vorsteuer entsprechend zu kürzen, da im Hinblick auf die Heizöllieferung für das Wohnhaus keine Leistung an das Unternehmen ausgeführt worden ist (§ 15 Abs. 1 Nr. 1 UStG).

Änderungen durch die Bp:

USt-Schuld	vor Bp	nach Bp	mehr	Gewinn
31.12.2011	0	1.050	1.050	-1.050

Außerbilanzielle Zurechnung (vGA)	vor Bp	nach Bp	mehr	Einkommen
2011	0	6.575	6.575	6.575

Hinweis:

Löst eine verdeckte Gewinnausschüttung Umsatzsteuer aus, ist diese bei der Gewinnermittlung nicht zusätzlich nach § 10 Nr. 2 KStG hinzuzurechnen (R 37 KStR).

Zur Besteuerung der vGA auf Ebene des Gesellschafters Berger erfolgt grundsätzlich der Abzug von Abgeltungsteuer (Kapitalertragsteuer und Solidaritätszuschlag) durch die Gesellschaft, so dass die Einkommensteuer des Gesellschafters durch den Steuerabzug abgegolten ist. Dies gilt unter der Voraussetzung, dass Metzler die Beteiligung im Privatvermögen hält.

Bei Halten der Beteiligung im Betriebsvermögen gilt das sog. Teileinkünfteverfahren, so dass die Dividende zu 40 % nach § 3 Nr. 40 EStG steuerfrei bleibt. Die Versteuerung erfolgt dann mit dem persönlichen Steuersatz.

6.4   Aufsichtsratsvergütung

Bei der Z-AG erhalten die fünf Mitglieder des Aufsichtsrates insgesamt jährliche Vergütungen i.H.v. 125.000 € sowie pauschalen Aufwandsersatz von insgesamt 15.000 €.

Buchungssatz (zusammengefasst):

2011:

Rechts- und Beratungskosten	125.000			
Fremdleistungen	15.000	an	Bank	140.000

Buchung auf Konten:

S Rechts- und Beratungskosten H
125.000

S Fremdleistungen H
15.000

S Bank H
140.000

Feststellungen der Bp:

Nach § 10 Nr. 4 KStG sind die gezahlten Aufsichtsratsvergütungen zur Hälfte als nichtabziehbare Aufwendungen dem Gewinn wieder hinzuzurechnen. Zu den Aufsichtsratsvergütungen zählen Vergütungen jeder Art an Personen, die mit der Überwachung der Geschäftsführung beauftragt sind. Dazu zählt auch ein pauschal gewährter Aufwandsersatz.

Änderung durch die Bp:

Außerbilanzielle Zurechnung	vor Bp	nach Bp	mehr	Einkommen
2011	0	70.000	70.000	70.000

Hinweis:

Die Empfänger der Zahlungen haben diese nach § 18 Abs. 1 Nr. 3 EStG als Einkünfte aus sonstiger selbständiger Tätigkeit zu versteuern. Der Prüfer wird hierüber entsprechende Kontrollmitteilungen an die zuständigen Finanzämter versenden.

6.5 Zahlungen ins Ausland

Die Hinz und Kunz GmbH hat im November 2011 folgende Rechnung über Beratungsleistungen der schweizerischen Firma Consulting AG – Zürich in ihrer Buchführung erfasst. Nach Auskunft der Geschäftsleitung wurde die Rechnung in bar gezahlt. Auf der Rechnung wurde mit unleserlicher Schrift der Empfang der Zahlung quittiert.

netto	30.000
Umsatzsteuer	5.700
brutto	35.700

Buchungssatz:

2011:

Rechts- und Beratungskosten	30.000			
Vorsteuer	5.700	an	Kasse	35.700

Buchung auf Konten:

S	Kasse	H
		35.700

S	Rechts- und Beratungskosten	H
30.000		

S	Vorsteuer	H
5.700		

Feststellungen der Bp:

Die Bp untersucht den Sachverhalt und hat eine Vielzahl von Fragen im Zusammenhang mit dieser Rechnung. Insbesondere bestehen auch Unklarheiten hinsichtlich der handelnden Personen. Daher richtet der Prüfer ein Auskunftsersuchen an das

BZSt (Bundeszentralamt für Steuern; dort IZA: Informationszentrale für steuerliche Auslandsbeziehungen) mit der Bitte, dort vorliegende Daten über diese schweizerische Firma zu übermitteln. Im Antwortschreiben wird die Vermutung des Prüfers bestätigt, dass es sich hierbei um eine Domizilgesellschaft (Briefkastenfirma) handelt.

Nunmehr richtet der Prüfer eine Anfrage an die Hinz und Kunz GmbH mit der Bitte um Beantwortung der nachstehenden Fragen, zumal ein nicht übliches Handelsgeschäft vorliegt (Nr. 4 des AEAO zu § 160 AO):

1. Welche Leistung wurde tatsächlich ausgeführt?
2. Welche Personen stehen hinter der „Consulting AG – Zürich"?
3. Wer ist wirtschaftlicher Empfänger der Zahlung?

Das Unternehmen kann durch Vorlage entsprechender Unterlagen und Ausarbeitungen zwar belegen, dass tatsächlich Leistungen erbracht worden sind, hinsichtlich der Fragen 2 und 3 blieb sie jedoch entsprechende Antworten schuldig.

Da seitens der Bp die Überlegung besteht, dass die Beratungsleistung eventuell durch ein inländisches Unternehmen ausgeführt worden sein könnte und der tatsächliche Zahlungsempfänger trotz Aufforderung nicht benannt wurde, rechnet der Prüfer die Betriebsausgabe i.H.v. 30.000 € wieder außerhalb der Bilanz gem. § 160 AO dem Einkommen hinzu (vgl. auch BFH-Urteil vom 5.11.2001, BFH/NV 2002 S. 312).

Nach § 3a Abs. 2 UStG (i.d.F. des JStG 2009 vom 19.12.2008, anzuwenden ab 1.1.2010) wird die sonstige Leistung an dem Ort ausgeführt, von dem aus der Empfänger sein Unternehmen betreibt. Somit ist diese Leistung im Inland steuerbar und mangels Befreiungsvorschrift auch steuerpflichtig. Gleichzeitig greift die reverse charge-Regelung des § 13b Abs. 1 UStG, wonach der Leistungsempfänger zum Steuerschuldner wird (vgl. Abschnitt 13b.1 Abs. 2 Nr. 3 UStAE). Daher schuldet die Hinz und Kunz GmbH einerseits die Umsatzsteuer, kann aber gem. § 15 Abs. 1 Nr. 4 UStG die Vorsteuern in Abzug bringen.

Änderungen durch die Bp:

USt-Schuld	vor Bp	nach Bp	mehr	Gewinn
31.12.2011	0	5.700	5.700	-5.700

Außerbilanzielle Zurechnung	vor Bp	nach Bp	mehr	Einkommen
2011	0	30.000	30.000	30.000

6.6   Überstundenvergütung

Die mit jeweils 50% an der M-GmbH beteiligten Gesellschafter Max und Moritz Münster zahlen sich seit dem 1.1.2011 neben dem ansonsten angemessenen Geschäftsführer-Gehalt auch noch gesonderte Vergütungen für geleistete Überstunden am Abend und an den Wochenenden aus. Hierüber liegen gesonderte schriftliche Vereinbarungen vor, die zivilrechtlich nicht zu beanstanden sind. Bei einem Stundensatz von 50 € ergaben sich bei 200 Überstunden je Gesellschafter insgesamt 20.000 € zusätzlicher Lohnaufwand. Die Lohn- und Kirchensteuer wurde zutreffend ermittelt und abgeführt.

Buchungssatz (zusammengefasst):

2011:

Löhne und Gehälter	20.000	an	Bank	20.000

Buchung auf Konten:

S	Löhne und Gehälter	H
20.000		

S	Bank	H
		20.000

Feststellungen der Bp:

Der Betriebsprüfer untersucht im Rahmen der Prüfung auch die Vergütungen für die Gesellschafter-Geschäftsführer. Diese müssen auf zivilrechtlich wirksamen Vereinbarungen beruhen, insgesamt angemessen sein und dem sog. Fremdvergleich standhalten. Eine Vereinbarung zwischen einer GmbH und ihrem Gesellschafter-Geschäftsführer über die gesonderte Vergütung von Überstunden entspricht grundsätzlich nicht dem, was ein ordentlicher und gewissenhafter Geschäftsleiter einer GmbH mit einem Fremdgeschäftsführer vereinbaren würde. Dies indiziert die Veranlassung der Vereinbarung durch das Gesellschaftsverhältnis (vgl. BFH vom 27.3.2001, BStBl 2001 II S. 655 sowie vom 6.10.2009, BFH/NV 2010 S. 469). Die gesonderte Vereinbarung von Überstunden verträgt sich nicht mit dem Aufgabenbild eines GmbH-Geschäftsführers. Somit ist hinsichtlich der Überstundenvergütungen von verdeckten Gewinnausschüttungen auszugehen. Im vorliegenden Falle liegt eine Vermögensminderung vor, weil die Überstundenvergütungen von der GmbH getragen wurden. Die Ursache liegt im Gesellschaftsverhältnis begründet, da ein fremder Dritter unter sonst gleichen Umständen diesen Vermögensvorteil nicht erhalten hätte. Die Auswirkung auf den Unterschiedsbetrag i.S.d. § 4 Abs. 1 EStG ergibt sich dadurch, dass der Gewinn ohne die Buchung der Vergütungen entsprechend höher ausgefallen wäre. Ein Zusammenhang mit einer offenen Gewinnausschüttung ist nicht erkennbar.

Änderung durch die Bp:

Außerbilanzielle Zurechnung	vor Bp	nach Bp	mehr	Einkommen
2011	0	20.000	20.000	20.000

Anmerkung:

Nach der Rechtsprechung des BFH ist der Sachverhalt in Ausnahmefällen anders zu betrachten: Zahlt eine Kapitalgesellschaft ihrem Gesellschafter-Geschäftsführer zusätzlich zu seinem Festgehalt Vergütungen für Sonntags-, Feiertags- und Nachtarbeit, so liegt darin nicht immer eine verdeckte Gewinnausschüttung (BFH-Urteil vom 14.7.2004, BStBl 2005 II S. 307). Insbesondere kann es durch überzeugende betriebliche Gründe gerechtfertigt sein, dem Gesellschafter-Geschäftsführer entsprechende Vergütungen zu zahlen, insbesondere dann, wenn vergleichbare leitende Angestellte unter sonst gleichen Bedingungen solche Zusatzvergütungen erhalten (vgl. FG München 10.11.2009, 6 V 820/09, rkr., SIS 100374).

Hinweise:

Zur Besteuerung der vGA auf Ebene der Gesellschafter Max und Moritz erfolgt grundsätzlich der Abzug von Abgeltungsteuer (Kapitalertragsteuer und Solidaritätszuschlag) durch die Gesellschaft, so dass die Einkommensteuer des Gesellschafters durch den Steuerabzug abgegolten ist. Dies gilt unter der Voraussetzung, dass sie ihre Beteiligungen im Privatvermögen halten.

Bei Halten der Beteiligung im Betriebsvermögen gilt das sog. Teileinkünfteverfahren, so dass die Dividende zu 40 % nach § 3 Nr. 40 EStG steuerfrei bleibt. Die Versteuerung erfolgt dann mit dem persönlichen Steuersatz.

Die Gesellschafter können jedoch auch zur Besteuerung optieren. In diesem Falle werden die vGA zu 40% steuerfrei gestellt bei Anrechnung der einbehaltenen Abgeltungsteuer. Die Ermittlung der Einkünfte ergibt sich dann wie folgt:

je Gesellschafter	
Ansatz Einkünfte aus Kapitalvermögen	10.000
davon steuerfrei nach § 3 Nr. 40 EStG	-4.000
steuerpflichtig	6.000
Minderung Einkünfte nichtselbständige Arbeit	-10.000
per Saldo	-4.000

Diese Prüfungsfeststellung führt zu dem Ergebnis, dass zwar auf Ebene der GmbH eine Erhöhung des Einkommens um 20.000 € erfolgt (die dort auch der Gewerbesteuer unterliegt), jedoch bei den Gesellschaftern jeweils eine Minderung ihrer Einkünfte von 4.000 € (zusammen 8.000 €) vorzunehmen ist.

Sofern die Einkommensteuerveranlagungen der Gesellschafter bereits bestandskräftig sein sollten, können diese gem. § 32a Abs. 1 KStG noch innerhalb eines Jahres seit Ergehen des aufgrund der vGA geänderten Körperschaftsteuerbescheides ebenfalls geändert werden.

6.7 Passiver Rechnungsabgrenzungsposten

Die Paul Groß GmbH hat einen Teil ihrer bisher betrieblich genutzten Räume ab 1.11.2011 an einen anderen Unternehmer vermietet, da sie ihren Geschäftsbetrieb verkleinert hat. Die Mieterin, die Peter Klein AG, hat die Miete (jährlich netto 60.000 €) am 2.11.2011 für zwei Jahre im Voraus gezahlt.

Buchungssatz:

2011:

Bank	142.800	an	Mieterträge	120.000
			Umsatzsteuer	22.800

Buchung auf Konten:

S	Bank	H
142.800		

S	Mieterträge	H
		120.000

S	Umsatzsteuer	H
		22.800

Feststellungen der Bp:

Nach § 5 Abs. 5 Nr. 2 EStG sind Einnahmen vor dem Abschlussstichtag, soweit sie Ertrag für eine bestimmte Zeit nach diesem Tag darstellen, als passive Rechnungsabgrenzungsposten zu bilanzieren. Als Ertrag darf in 2011 somit nur die anteilige Miete für November und Dezember erscheinen.

Die Umsatzsteuer bleibt dabei außer Betracht, da diese gem. § 13 Abs. 1 Nr. 1a Satz 4 UStG in voller Höhe mit der Umsatzsteuer-Voranmeldung 11/2011 anzumelden und abzuführen ist.
Durch die Bp ist ein Rechnungsabgrenzungsposten zu passivieren.

Dieser errechnet sich somit wie folgt:

Miete für 24 Monate	120.000 €
Miete für 22 abzugrenzende Monate	110.000 €

Ansatz eines passiven Rechnungsabgrenzungspostens mit 110.000 €, der in 2012 mit 12/22 (= 60.000 €) und in 2013 mit 10/22 (= 50.000 €) gewinnerhöhend aufzulösen ist.

Änderungen durch die Bp:

Bilanzposten Passiver RAP	vor Bp	nach Bp	mehr	Gewinn
31.12.2011	0	110.000	110.000	-110.000
31.12.2012	0	50.000	50.000	60.000
31.12.2013	0	0	0	50.000

6.8   Beteiligung an einer Personengesellschaft

Die Firma Fritz Tüchtig GmbH in Frankfurt/Main hat gem. Vertrag vom 25.1.2010 einen Kommanditanteil an der Firma Heinrich Fleißig KG in Wiesbaden erworben. Der Kaufpreis für die Beteiligung wurde am 1.2.2010 i.H.v. 100.000 € überwiesen. Die Buchung erfolgte auf dem Konto Beteiligungen. In der Bilanz zum 31.12.2010 wurde die Beteiligung mit den Anschaffungskosten von 100.000 € ausgewiesen. Erträge aus der Beteiligung wurden im Jahr 2010 nicht gebucht.

Im Jahr 2011 wurde der Beteiligungsertrag 2010 i.H.v. 12.000 € erfasst. Der Beteiligungsertrag für 2011 i.H.v. 15.000 € wurde erst im Jahr 2012 gebucht.

Aufgrund der allgemeinen schlechten Ertragslage der KG wurde zudem durch Beschluss der Gesellschafterversammlung zum 31.12.2011 eine Teilwertabschreibung i.H.v. 20.000 € vorgenommen.

Buchungssätze:

2010:

(1)	Beteiligungen	100.000	an	Bank	100.000

2011:

(2)	Beteiligungen	12.000	an	Beteil. Erträge	12.000
(3)	Teilwert-AfA	20.000	an	Beteiligungen	20.000

Buchung auf Konten:

S	Beteiligungen		H
(1)	100.000		
(2)	12.000	20.000	(3)

S	Bank		H
		100.000	(1)

S	Beteiligungserträge		H
		12.000	(2)

S	Teilwert-AfA		H
(3)	20.000		

Feststellungen der Bp:

Die Prüferin untersucht zunächst die Buchung auf dem Beteiligungskonto. Die Anschaffungskosten sind dabei zutreffend erfasst und entsprechen dem Wertansatz auf Ebene der KG. Zu unterscheiden ist jedoch grundsätzlich zwischen der handelsrechtlichen und steuerrechtlichen Beurteilung einer Beteiligung an einer Personengesellschaft:

– Handelsrechtlich wird eine Beteiligung an einer Personengesellschaft als selbständiger und einheitlicher Vermögensgegenstand angesetzt (§ 266 Abs. 2 A. III. 3 HGB). Die Beteiligung ist daher grundsätzlich wie die Beteiligung an einer Kapitalgesellschaft zu sehen.

– Steuerrechtlich handelt es sich nicht um ein einheitliches Wirtschaftsgut. Ein Wirtschaftsgut „Beteiligung an einer Personengesellschaft„ gibt es nicht. Der Gesellschafter hat vielmehr einen Anteil an jedem einzelnen Wirtschaftsgut des Betriebsvermögens der Personengesellschaft. Dabei ist es unerheblich, ob die Beteiligung an der Personengesellschaft zum Betriebsvermögen eines Einzelunternehmens, einer anderen Personengesellschaft oder einer Kapitalgesellschaft gehört. Die Beteiligung an einer Personengesellschaft ist steuerlich keiner eigenen Bewertung fähig. Die Wirtschaftsgüter der Personengesellschaft, an welchen der Beteiligte jeweils einen Anteil hält, werden beim Jahresabschluss der Personengesellschaft nach § 6 EStG bewertet. Diese Bewertung schlägt sich im Kapitalkonto des Beteiligten nieder.

Die genannten Grundsätze führen steuerlich zu dem Ergebnis, dass die Beteiligung an einer Personengesellschaft spiegelbildlich (Spiegelbildmethode; gleicher Wert) zum Kapitalkonto in der Personengesellschaft im Betriebsvermögen des Beteiligten zu erfassen ist. Aufgrund des steuerlich zwingenden Korrespondenzprinzips ist beim Anteilseigner für die Bilanzierung ein evtl. abweichender Teilwert der gesamten Beteiligung unerheblich, d.h. Teilwertabschreibungen sind nicht möglich.

Der Gewinn wird bei der Personengesellschaft zum Ende des Wirtschaftsjahres erzielt. Dies hat zur Konsequenz, dass beim Beteiligten der Gewinn (Verlust) in dem Wirtschaftsjahr zu erfassen ist, in dem das Wirtschaftsjahr der Personengesellschaft endet. Somit ist der Gewinnanteil 2010 auch in 2010 zu erfassen. Entsprechendes gilt für 2011.

Als Beteiligungsertrag ist der Gewinnanteil lt. Feststellungsbescheid des Betriebsfinanzamtes der Personengesellschaft maßgebend. Dabei ist es unerheblich, ob der Beteiligungsertrag innerhalb der Bilanz oder außerhalb der Bilanz des Beteiligten erfasst wird. Die spiegelbildliche Darstellung muss gewahrt sein.

Änderungen durch die Bp:

Konto Beteiligungen	HB/StB	PB	mehr	Gewinn
Zugang 1.2.2010	100.000	100.000	0	
Ertrag 2010	0	12.000		
Stand 31.12.2010	100.000	112.000	12.000	12.000
Ertrag 2011	12.000	15.000		
Teilwert-AfA	-20.000	0		
Stand 31.12.2011	92.000	127.000	35.000	23.000

6.9   Auslandsreise

An der U-GmbH waren im Jahr 2011 der S zu 80 v.H. und dessen Ehefrau zu 20 v.H. beteiligt. S war zugleich Geschäftsführer der U-GmbH. Die U-GmbH befasst sich mit der Planung und Montage von technischen Gebäudeeinrichtungen. Vom 4.–9.2.2011 nahm S an einer Auslandsreise teil. Diese führte nach Südafrika und wurde von der A-GmbH (Hersteller von technischen Gebäudeeinrichtungen) veranstaltet.

Die Einladung zu dieser Reise hatte der Geschäftsführer der A-GmbH ausgesprochen, und zwar an S persönlich. S wurde bei der Reise nach Südafrika von seiner Ehefrau begleitet. Bei den übrigen Reiseteilnehmern handelte es sich um Geschäftsleute aus der Immobilienbranche, zum Teil mit Ehepartnern.

Das Programm der Reise nach Südafrika sah für den Nachmittag des Ankunftstages eine Stadtrundfahrt durch Pretoria mit Besuch eines Bankgebäudes und Besichtigung der dortigen technischen Anlagen vor. Am 5. Februar folgte ein Ausflug nach Sun City mit Besuch eines Reservats. Am 6. Februar standen vormittags Vorträge von Mitarbeitern einer südafrikanischen Tochtergesellschaft der A-GmbH und Gebäudebesichtigungen, nachmittags eine Rundfahrt durch Johannesburg auf dem Programm. Der 7. Februar diente dem Transfer nach Kapstadt mit anschließender Stadtrundfahrt einschließlich Fahrt auf den Tafelberg. Für den 8. Februar waren ein Tagesausflug zum Kap der Guten Hoffnung sowie abends Vorträge über Stadtplanung, Architektur und Wirtschaft in Kapstadt vorgesehen. Abreisetag war der 9. Februar, an dem der Vormittag zur freien Verfügung stand.

Die Kosten für die Reise beliefen sich – jeweils einschließlich Umsatzsteuer – auf 6.150 € je Teilnehmer. Die A-GmbH berechnete der U-GmbH nur einen Teilbetrag der auf S und seine Ehefrau entfallenden Aufwendungen, nämlich für die Reise nach Südafrika in 2011 jeweils 3.000 €. Die U-GmbH zahlte die genannten Beträge, ohne sie ihrerseits dem S oder seiner Ehefrau in Rechnung zu stellen und zog sie als Betriebsausgaben ab.

Buchungssatz:

2011:

Reisekosten	6.000	an	Bank	6.000

Buchung auf Konten:

S	Reisekosten	H
6.000		

S	Bank	H
		6.000

Feststellungen der Bp:

Die Betriebsprüferin untersucht die gebuchten Reisekosten und kommt nach Würdigung aller Umstände zu dem Ergebnis, dass die Kostenübernahme durch die U-GmbH als verdeckte Gewinnausschüttungen i.S.d. § 8 Abs. 3 Satz 2 KStG zu qualifizieren ist.

Übernimmt eine Kapitalgesellschaft Aufwendungen für eine Reise des Gesellschafter-Geschäftsführers, die in nicht nur untergeordnetem Umfang dessen private Interessen berührt, so ist dieses Verhalten regelmäßig durch das Gesellschaftsverhältnis veranlasst. Ob die Reise in diesem Sinne privat veranlasst oder mitveranlasst ist, muss nach denjenigen Kriterien beurteilt werden, die zum Betriebsausgabenabzug von Einzelunternehmen und Personengesellschaften entwickelt worden sind. Finanziert eine Kapitalgesellschaft Reisen ihres Gesellschafter-Geschäftsführers, so ist die für eine verdeckte Gewinnausschüttung ausreichende private Mitveranlassung durch das Gesellschaftsverhältnis regelmäßig gegeben, wenn bei vergleichbaren Aufwendungen eines sonstigen Unternehmers § 12 Nr. 1 Satz 2 EStG eingreifen würde (vgl. BFH-Urteil vom 6.4.2005, BStBl 2005 II S. 666 und vom 7.10.2008, BFH/NV 2009 S. 216).

Die Bp ist zu dem Ergebnis gekommen, dass die von S unternommene Reise wesentliche allgemein-touristische Elemente enthielt und deshalb nicht nur den betrieblichen Belangen der U-GmbH diente. Bei der Reise nach Südafrika war der allgemein-touristische Bezug u. a. in den Stadtrundfahrten durch Kapstadt und Johannesburg sowie in den Ausflügen in ein Reservat und zum Kap der Guten Hoffnung zu sehen.

Änderung durch die Bp:

Außerbilanzielle Zurechnung (vGA)	vor Bp	nach Bp	mehr	Einkommen
2011	0	6.000	6.000	6.000

Hinweis:

Zur Besteuerung der vGA auf Ebene der Gesellschafter S und dessen Ehefrau erfolgt grundsätzlich der Abzug von Abgeltungsteuer (Kapitalertragsteuer und Solidaritätszuschlag) durch die Gesellschaft, so dass die Einkommensteuer des Gesellschafters durch den Steuerabzug abgegolten ist. Dies gilt unter der Voraussetzung, dass sie ihre Beteiligungen im Privatvermögen halten.

Wird die Beteiligung im Betriebsvermögen gehalten, gilt das sog. Teileinkünfteverfahren, so dass die Dividende zu 40 % nach § 3 Nr. 40 EStG steuerfrei bleibt. Die Versteuerung erfolgt dann mit dem persönlichen Steuersatz.

6.10 Geburtstagsfeier

Gustav Glück ist Alleingesellschafter der Glück GmbH mit Sitz in Mainz. In 2011 fand am 50. Geburtstag des Herrn Glück eine Veranstaltung statt, die von der GmbH finanziert wurde und an der ca. 350 Personen teilnahmen. Ungefähr 70 Teilnehmer gehörten zur örtlichen Geschäftswelt und zum Bekanntenkreis des Herrn Glück. Die übrigen waren Betriebsangehörige der GmbH. Die Einladung war von Herrn Glück unterzeichnet worden und hatte auszugsweise folgenden Wortlaut:
„Liebe Mitarbeiterinnen, liebe Mitarbeiter, am ... möchte ich mit Ihnen ... meinen 50. Geburtstag feiern. Dazu lade ich Sie herzlich ein."

Die Glück GmbH behandelte die Aufwendungen für die Veranstaltung mit insgesamt 70.000 € zzgl. Umsatzsteuer als gewinnmindernde Betriebsausgaben.

Buchungssatz:

2011:

Sonstige Verwaltungskosten	70.000			
Vorsteuer	13.300	an	Bank	83.300

Buchung auf Konten:

S	Sonstige Verwaltungskosten	H
70.000		

S	Vorsteuer	H
13.300		

S	Bank	H
	83.300	

Feststellungen der Bp:

Nach Feststellung der Bp liegt in der Übernahme der Kosten durch die GmbH eine verdeckte Gewinnausschüttung.

Zwar gilt im Bereich der verdeckten Gewinnausschüttung (vGA) die Vorschrift des § 12 Nr. 1 Satz 2 EStG nicht unmittelbar. Dennoch hat der BFH in seinem Urteil vom 6.4.2005 (BStBl 2005 II S. 666) unter Hinweis auf eine rechtsformneutrale Besteuerung entschieden, dass die für eine vGA ausreichende private Mitveranlassung durch das Gesellschaftsverhältnis regelmäßig gegeben ist, wenn bei vergleichbaren Aufwendungen eines sonstigen Unternehmers § 12 Nr. 1 Satz 2 EStG eingreifen würde. In dieser Entscheidung hat der BFH erstmals ausdrücklich die Abgrenzungskriterien des § 12 Nr. 1 Satz 2 EStG auf die vGA übertragen.

Auch im Urteil vom 9.3.2010 (VIII R 32/07, NJW 2010 S. 2687, SIS 101600) hat der BFH zum Ausdruck gebracht, dass sich die private (gesellschaftsrechtliche) Veranlassung bei der Körperschaftsteuer grundsätzlich nach denselben Kriterien bestimmt, die für die Beurteilung bei Einzelunternehmen und Personengesellschaften entwickelt worden sind (RdNr. 12 der Entscheidung).

Nach einem Erlass des FinMin Schleswig-Holstein vom 1.11.2010 (VI 3011 – S 2742 – 121, DStR 2011 S. 314) tangiert der Beschluss des Großen Senats des BFH vom 21.9.2009 (GrS 1/06, BStBl 2010 II S. 672) damit auch den Bereich der vGA. Danach sind folgende Fallgruppen zu unterscheiden:

1. Aufwendungen, die durch die private Lebensführung des Gesellschafter-Geschäftsführers veranlasst sind

Wenn ein privater Anlass des Gesellschafter-Geschäftsführers (insbesondere bei Feiern und Bewirtungen) auslösendes Moment für die Aufwendungen ist, reichen Bezüge zum Betrieb der Kapitalgesellschaft nicht für eine Aufteilung der Aufwendungen aus. Es ist insgesamt von einer vGA auszugehen. Repräsentationsaufwendungen, die für den Gesellschafter-Geschäftsführer durch die Gesellschaft übernommen werden, stellen vGA dar. Dies gilt auch dann, wenn zu einer Veranstaltung (z.B. Geburtstagsfeier) überwiegend Geschäftsfreunde oder Arbeitnehmer der Gesellschaft eingeladen sind und der Gesellschafter-Geschäftsführer daneben privat eine eigene Feier veranstaltet. Die gesellschaftsrechtliche Veranlassung verdrängt die möglicherweise daneben bestehende Absicht, Imagepflege für die Kapitalgesellschaft zu betreiben (BFH-Urteile vom 28.11.1991, I R 13/90, BStBl 1992 II S. 359, vom 28.11.1991, I R 34-35/90, BFH/NV 1992 S. 560 und vom 14.7.2004, I R 57/03, DStR 2004 S. 1691). Entsprechendes gilt für vergleichbare Anlässe (z.B. Trauerfeiern). Der BFH stellt bei Repräsentationsaufwendungen darauf ab, dass die Grundveranlassung (das auslösende Moment) für die Aufwendungen im privaten Bereich des Gesellschafter-Geschäftsführers liegt.

2. Nicht aufteilbare (abgrenzbare) gemischt veranlasste Aufwendungen

Insgesamt von einer vGA ist außerdem auszugehen, wenn die Aufwendungen sowohl gesellschaftsrechtlich als auch betrieblich veranlasst sind und eine Aufteilung (Abgrenzung) nicht möglich ist. Die gesellschaftsrechtliche Mitveranlassung führt insgesamt zu einer Wertung als vGA. In dem Beschluss des Großen Senats des BFH vom 21.9.2009 (a.a.O.) ist ausgeführt (Rdnr. 125), dass ein Abzug von Aufwendungen nicht zulässig ist, wenn die beruflichen (betrieblichen) und die privaten Veranlassungsbeiträge so ineinander greifen, dass eine Trennung nicht möglich ist, und es also an objektivierbaren Kriterien für eine Aufteilung fehlt.

3. Aufteilbare (abgrenzbare) Aufwendungen, die teils gesellschaftsrechtlich und teils betrieblich veranlasst sind

Aufgrund der geänderten Rechtsprechung werden zukünftig nach dem BMF-Schreiben vom 6.7.2010 (BStBl 2010 I S. 614) aufteilbare Aufwendungen, die teilweise betrieblich und teilweise privat veranlasst sind, bei der Einkommensteuer nach Veranlassungsbeiträgen aufgeteilt (RdNr. 10 ff.). Eine Aufteilung kann beispielsweise nach Zeit-, Mengen- oder Flächenanteilen oder nach Köpfen erfolgen. Im Hinblick auf die vom BFH in der Entscheidung vom 6.4.2005 (a.a.O.) angemahnte Rechtsformneutralität ist auch für den Bereich der Körperschaftsteuer eine Aufteilung zuzulassen (Änderung der Rechtslage). Ein Widerspruch zu den allgemeinen vGA-Grundsätzen (Fremdvergleichsgrundsatz) ist darin nicht zu sehen. Abgrenzbar betrieblich veranlasste Aufwendungen stellen keine vGA dar, denn ein ordentlicher und gewissenhafter Geschäftsleiter würde sie übernehmen. Voraussetzung ist jedoch, dass ein objektiver Aufteilungsmaßstab gegeben ist. Auch unter Berücksichtigung der älteren BFH-Rechtsprechung ist eine Aufteilung solcher Aufwendungen geboten.

Der im vorliegenden Falle zu beurteilende Sachverhalt ist nach Ansicht der Bp in die erste Fallgruppe einzuordnen mit der Folge der Annahme einer vGA hinsichtlich der gesamten durch die Feier veranlassten Kosten.

Ein Vorsteuerabzug nach § 15 Abs. 1 Nr. 1 UStG ist im vorliegenden Fall nicht möglich, weil kein Leistungsbezug für das Unternehmen der Glück GmbH anzunehmen ist.

Die Feststellung der Bp führt zur Annahme einer verdeckten Gewinnausschüttung i.H.v. 83.300 € (§ 8 Abs. 3 KStG). Gustav Glück hat den entsprechenden Betrag bei seiner Einkommensteuer nach dem Teileinkünfteverfahren zu versteuern.

Änderungen durch die Bp:

USt-Schuld	vor Bp	nach Bp	mehr	Gewinn
2011	0	13.300	13.300	-13.300

Außerbilanzielle Zurechnung	vor Bp	nach Bp	mehr	Einkommen
2011	0	83.300	83.300	83.300

6.11 Weihnachtsgeld

Die mit jeweils 50% an der M-GmbH beteiligten Gesellschafter Max und Moritz Münster vereinbaren angesichts der guten Geschäftsentwicklung im Herbst/Winter 2011 am 20.12.2011 die Zahlung eines 13. Monatsgehaltes als Weihnachtsgeld. Nach der schriftlich getroffenen Regelung erhalten sie neben dem ansonsten angemessenen Geschäftsführer-Gehalt auch noch eine gesonderte Vergütung i.h.v. jeweils 10.000 €, die am 30.12.2011 zur Auszahlung gelangt. Steuerabzugsbeträge wurden zutreffend ermittelt, einbehalten und abgeführt.

Buchungssatz (zusammengefasst):

2011:

Löhne und Gehälter	20.000	an	Bank	20.000

Buchung auf Konten:

S	Löhne und Gehälter	H
20.000		

S	Bank	H
	20.000	

Feststellungen der Bp:

Die Bp untersucht im Rahmen der Prüfung auch die Vergütungen für die Gesellschafter-Geschäftsführer. Insbesondere im Verhältnis zwischen Gesellschaft und beherrschendem Gesellschafter ist eine zivilrechtlich wirksame, klare, eindeutige und im Voraus abgeschlossenen Vereinbarung darüber zu treffen, ob und in welcher Höhe ein Entgelt für eine Leistung des Gesellschafters zu zahlen ist. Anderenfalls ist eine Veranlassung durch das Gesellschaftsverhältnis anzunehmen.

Eine beherrschende Stellung eines GmbH-Gesellschafters liegt im Regelfall vor, wenn der Gesellschafter die Mehrheit der Stimmrechte besitzt und deshalb bei Gesellschafterversammlungen entscheidenden Einfluss ausüben kann. Wenn mehrere Gesellschafter einer Kapitalgesellschaft mit gleichgerichteten Interessen zusammenwirken, um eine ihren Interessen entsprechende einheitliche Willensbildung herbeizuführen, ist auch ohne Hinzutreten besonderer Umstände eine beherrschende Stellung anzunehmen.

Solche gleichgerichteten Interessen sind im vorliegenden Fall zu bejahen, da die beiden Gesellschafter von der zusätzlichen Vergütung gleichermaßen profitieren. Somit ist von einer beherrschenden Stellung der beiden Geschäftsführer auszugehen, die nachträglich eine auf das gesamte Jahr 2011 bezogene Vergütung beschlossen und vollzogen haben. Selbst wenn die gesamte Geschäftsführervergütung noch im Rahmen des angemessenen liegen sollte, ist hier aufgrund des sog. „Nachzahlungsverbotes" eine verdeckte Gewinnausschüttung gegeben (§ 8 Abs. 3 KStG).

Eine Vermögensminderung ist anzunehmen, weil die 13. Gehälter von der GmbH getragen wurden. Die Ursache liegt im Gesellschaftsverhältnis begründet, weil es an einer im Voraus getroffenen Vereinbarung mangelt. Die Auswirkung auf den Unterschiedsbetrag i.S.d. § 4 Abs. 1 EStG ergibt sich dadurch, dass der Gewinn ohne die Buchung der Vergütungen entsprechend höher ausgefallen wäre. Ein Zusammenhang mit einer offenen Gewinnausschüttung ist nicht erkennbar (vgl. BFH vom 11.12.1991, BStBl 1992 II S. 434 sowie vom 22.4.2009, BFH/NV 2009 S. 1458).

Änderung durch die Bp:

Außerbilanzielle Zurechnung (vGA)	vor Bp	nach Bp	mehr	Einkommen
2011	0	20.000	20.000	20.000

Anmerkung:

Zur Besteuerung der vGA auf Ebene der Gesellschafter Max und Moritz erfolgt grundsätzlich der Abzug von Abgeltungsteuer (Kapitalertragsteuer und Solidaritätszuschlag) durch die Gesellschaft, so dass die Einkommensteuer des Gesellschafters durch den Steuerabzug abgegolten ist. Dies gilt unter der Voraussetzung, dass sie ihre Beteiligungen im Privatvermögen halten.

Bei Halten der Beteiligung im Betriebsvermögen gilt das sog. Teileinkünfteverfahren, so dass die Dividende zu 40 % nach § 3 Nr. 40 EStG steuerfrei bleibt. Die Versteuerung erfolgt dann mit dem persönlichen Steuersatz.

Die Gesellschafter können jedoch auch zur Besteuerung optieren. In diesem Falle werden die vGA zu 40% steuerfrei gestellt bei Anrechnung der einbehaltenen Abgeltungsteuer. Die Ermittlung der Einkünfte ergibt sich dann wie folgt:

je Gesellschafter	
Ansatz Einkünfte aus Kapitalvermögen	10.000
davon steuerfrei nach § 3 Nr. 40 EStG	-4.000
steuerpflichtig	6.000
Minderung Einkünfte nichtselbständige Arbeit	-10.000
per Saldo	-4.000

Diese Prüfungsfeststellung führt zu dem Ergebnis, dass zwar auf Ebene der GmbH eine Erhöhung des Einkommens um 20.000 € erfolgt (die dort auch der Gewerbesteuer unterliegt), jedoch bei den Gesellschaftern jeweils eine Minderung ihrer Einkünfte von 4.000 € (zusammen 8.000 €) vorzunehmen ist.

Sofern die Einkommensteuerveranlagungen der Gesellschafter bereits bestandskräftig sein sollten, können diese gem. § 32a Abs. 1 KStG noch innerhalb eines Jahres seit Ergehen des aufgrund der vGA geänderten Körperschaftsteuerbescheides ebenfalls geändert werden.

Aufgabenteil: Übungsaufgaben

A.   Einzelunternehmen mit Gewinnermittlung nach § 5 EStG

1.   Anschaffungskosten Grundstück

Der Getränkegroßhändler Egon Mayer erwirbt am 1.7.2011 ein Grundstück mit aufstehendem Gebäude (Bj. 1989) zur betrieblichen Nutzung. Der Kaufpreis beträgt 1.000.000 €.

Außerdem fallen folgende Nebenkosten an:

Grunderwerbsteuer	35.000 €
Notarkosten netto	10.000 €
Umsatzsteuer 19%	1.900 €
Gerichtskosten	9.000 €

Der Stpfl. beantragt eine jährliche AfA von 4% der Anschaffungskosten (§ 7 Abs. 4 Nr. 1 EStG).

Buchungssätze:

2011:

(1)	Grund und Boden	400.000				
	Gebäude	600.000	an	Darlehen		1.000.000
(2)	Betriebssteuern	35.000	an	Bank		35.000
(3)	Grundstücksaufwand	19.000				
	Vorsteuer	1.900	an	Sonstige Verbindlichkeiten		20.900
(4)	AfA (6 Monate)	12.000	an	Gebäude		12.000

Buchung auf Konten:

S	Grund und Boden		H
(1)	400.000		

S	Gebäude		H
(1)	600.000	12.000	(4)

S	Vorsteuer		H
(3)	1.900		

S	Bank	H
	35.000	(2)

S	Darlehen	H
	1.000.000	(1)

S	Sonst. Verbindlichkeiten	H
	20.900	(3)

S	Betriebssteuern	H
(2)	35.000	

S	Grundstücksaufwand	H
(3)	19.000	

S	AfA	H
(4)	12.000	

Aufgaben:

a) Wurden die Anschaffungskosten des Grund und Bodens sowie des Gebäudes vom Stpfl. zutreffend ermittelt? (Gehen Sie dabei davon aus, dass der Grund und Boden-Anteil von der Bp nicht beanstandet wird.)

b) Durfte der Stpfl. grundsätzlich die Abschreibung von 4% jährlich geltend machen? Hätte er für 2011 auch die volle Jahres-AfA in Anspruch nehmen können?

2.   AfA-Methoden bei beweglichen Wirtschaftsgütern

Der Bauunternehmer Axel Schultze hat in den Jahren 2010 und 2011 einige Fahrzeuge und Maschinen angeschafft. Diese sind im Bestandsverzeichnis (R 5.4 EStR 2008) wie folgt aufgeführt:

Nr.	Bezeichnung	AZP	AK	AfA	linear	31.12.
1	Bagger	03.1.2010	50.000	20,00%	10.000	40.000
2	Rüttler	18.3.2010	4.000	20,00%	800	3.200
3	Lkw	15.7.2010	90.000	25,00%	22.500	67.500
4	Schaufelbagger	15.12.2010	120.000	16,67%	20.000	100.000
			264.000		53.300	

5	Presslufthammer	19.5.2011	15.000	33,33%	5.000	10.000
6	Anhänger	20.7.2011	12.500	20,00%	2.500	10.000
7	Kipp-Lkw	23.11.2011	100.000	20,00%	20.000	80.000
			127.500		27.500	

Buchungssätze:

2010:

(1)	Fahrzeuge	260.000			
	Maschinen	4.000			
	Vorsteuer	50.160	an	Verbindlichkeiten	314.160
(2)	AfA Fahrzeuge	52.500			
	AfA Maschinen	800	an	Fahrzeuge	52.500
				Maschinen	800

2011:

(1)	Fahrzeuge	112.500			
	Maschinen	15.000			
	Vorsteuer	24.225	an	Verbindlichkeiten	151.725
(2)	AfA Fahrzeuge (neu)	22.500			
	AfA Maschinen (neu)	5.000	an	Fahrzeuge	22.500
				Maschinen	5.000
(3)	AfA Fahrzeuge (alt)	52.500			
	AfA Maschinen (alt)	800	an	Fahrzeuge	52.500
				Maschinen	800

Aufgaben:

Während der Bp stellt der Stpfl. den Antrag, die Abschreibung der o.g. Wirtschaftsgüter degressiv gem. § 7 Abs. 2 EStG vorzunehmen:

a) Ist dieser Antrag steuerlich zulässig?
b) Nach welchen Vorschriften ist dem Antrag zuzustimmen bzw. ist er abzulehnen?
c) Welche Änderungen müssen durch die Bp erfolgen?

3.   Wechsel der AfA-Methode

Ein Maschinenbauunternehmen erwirbt am 15.6.2006 zwei neue Maschinen im Wert
von

netto	200.000
Umsatzsteuer	38.000
brutto	238.000

Die betriebsgewöhnliche Nutzungsdauer hat der Buchhalter der Druckerei mit acht
Jahren geschätzt und die Anschaffungskosten der Maschinen degressiv abgeschrieben. Im Kalenderjahr 2011 will er zur linearen AfA übergehen, da diese dann höher
sei als die degressive.

Buchungssatz:

2011:

         AfA   13.205   an   Maschinen   13.205

Buchung auf Konten:

S	Maschinen	H
	13.205	

S	AfA	H
13.205		

Aufgaben:

a) Ist der Wechsel von der linearen zur degressiven AfA in 2011 steuerlich zulässig?
   Wie sind die Rechtsgrundlagen?
b) Hat der Stpfl. die AfA in 2011 korrekt berechnet?
c) Welche Änderungen müssen durch die Bp vorgenommen werden?

4.   Betriebsgewöhnliche Nutzungsdauer – Sonder-AfA

Der Einzelunternehmer Klaus Kasper erwirbt am 1.3.2011 eine neue Büroeinrichtung
zu Anschaffungskosten von

netto	40.000
Umsatzsteuer	7.600
brutto	47.600

Er schätzt die betriebsgewöhnliche Nutzungsdauer mit 10 Jahren. Die Abschreibung soll linear erfolgen.

Buchungssätze:

2011:

(1)	BGA	40.000			
	Vorsteuer	7.600	an	Bank	47.600
(2)	AfA (§ 7 Abs. 1 EStG)	4.000			
	AfA (§ 7g EStG)	8.000	an	BGA	12.000

Buchung auf Konten:

S	BGA		H
(1)	40.000	12.000	(2)

S	Vorsteuer		H
(1)	7.600		

S	Bank		H
		47.600	(1)

S	Normal-AfA		H
(2)	4.000		

S	Sonder-AfA § 7g		H
(2)	8.000		

Aufgabe:

Hat der Stpfl. die Abschreibungen für die neue Büroeinrichtung nach den steuerlichen Vorschriften zutreffend berechnet?

Zusatzinformationen zum Sachverhalt:

Das auf den 31.12.2010 ermittelte Betriebsvermögen beträgt 250.000 €. Ein Investitionsabzugsbetrag gem. § 7g Abs. 1 EStG wurde für 2010 jedoch nicht in Anspruch genommen.

5. Investitionsabzugsbetrag

Der Einzelunternehmer Karl Karlson hat im Januar 2009 neue Maschinen im Wert von 100.000 € angeschafft. Da die Anschaffung bereits seit längerem geplant war, hat er im Jahr 2008 einen Investitionsabzugsbetrag i.H.v. 40.000 € in Anspruch genommen und außerbilanziell abgezogen.

Im Jahr der Anschaffung erfolgte dann gem. § 7g Abs. 2 EStG eine entsprechende außerbilanzielle Zurechnung.

Im Jahr des Zugangs der Maschinen 2009 nimmt Karlson eine Sonderabschreibung i.H.v. 20% vor und gleichzeitig eine lineare Abschreibung mit 12,50 %.

Kontenentwicklung	
Zugang Januar 2009	100.000
Minderung § 7g Abs. 2 Satz 2 EStG	-40.000
AfA § 7 Abs. 1 EStG	-12.500
AfA § 7g Abs. 5 EStG	-20.000
Stand 31.12.2009	27.500
AfA § 7 Abs. 1 EStG	-12.500
Stand 31.12.2010	15.000
AfA § 7 Abs. 1 EStG	-12.500
Stand 31.12.2011	2.500

Buchungssätze:

2009:

(1)	Maschinen	100.000			
	Vorsteuer	19.000	an	Bank	119.000
(2)	AfA § 7 Abs. 1 EStG	12.500			
	AfA § 7g Abs. 2 EStG	40.000			
	AfA § 7g Abs. 5 EStG	20.000	an	Maschinen	72.500

2010:

| (3) | AfA § 7 Abs. 1 EStG | 12.500 | an | Maschinen | 12.500 |

2011:

| (4) | AfA § 7 Abs. 1 EStG | 12.500 | an | Maschinen | 12.500 |

Buchung auf Konten:

S	Maschinen		H
(1)	100.000	72.500	(2)
		12.500	(3)
		12.500	(4)

S	Bank		H
		119.000	(1)

S	Vorsteuer		H
(1)	19.000		

S	AfA § 7 Abs. 1		H
(2)	12.500		
(3)	12.500		
(4)	12.500		

S	AfA § 7g Abs. 2 und 5		H
(2)	60.000		

Aufgaben:

a) Hat der Einzelunternehmer Karlson die Abschreibungen zutreffend berechnet? Begründen Sie Ihre Lösung unter Angabe der entsprechenden Rechtsgrundlagen.

b) Wurden die Regelungen des § 7g EStG zutreffend berücksichtigt?

6. Anschaffung Software

Der Einzelunternehmer Klaus Kleber kauft am 1.6.2011 von einem namhaften Softwareunternehmen ein Softwaresystem, das aus mehreren Modulen besteht und das der Abwicklung des betrieblichen Rechnungswesens, der Kostenrechnung sowie weiterer betrieblicher Funktionen dient.

Der Stpfl. Kleber aktiviert die Anschaffungskosten von 120.000 € und schreibt diese auf eine geschätzte Nutzungsdauer von 3 Jahren ab. Die Kosten der Programmie-

rung der Software für die besonderen betrieblichen Anforderungen i.H.v. 150.000 €
sowie die Aufwendungen für die Schulung der Mitarbeiter i.H.v. 50.000 € bucht er als
sofort abziehbare Betriebsausgaben.

Buchungssätze:

in 2011:

(1)	Software	120.000			
	Fremdleistungen	200.000	an	Bank	320.000
(2)	AfA	40.000	an	Software	40.000

Buchung auf Konten:

S	Software	H
(1) 120.000	40.000	(2)

S	Bank	H
	320.000	(1)

S	AfA	H
(2) 40.000		

S	Fremdleistungen	H
(1) 200.000		

Aufgaben:

a) Hat der Einzelunternehmer Kleber die Anschaffungskosten zutreffend ermittelt?
   Begründen Sie Ihre Lösung unter Angabe der entsprechenden Rechtsgrundlagen.
b) Wurde die Nutzungsdauer zutreffend angesetzt und die Abschreibung im Jahr
   2006 zutreffend ermittelt?

7.   Darlehen

In der Bilanz zum 31.12.2011 des Einzelunternehmers A ist ein Darlehen i.H.v.
25.000 € der örtlichen Sparkasse passiviert. Das Darlehen ist mit 8% zu verzinsen;
die erste Tilgungsrate ist am 1.4.2012 fällig. Die Auszahlung erfolgte am 21.12.2011.

Mit diesem Darlehen wurde laut Darlehensvertrag die Anschaffung eines Pkw VW Golf (Anschaffungszeitpunkt 30.12.2011) finanziert. Das Darlehen wurde nur in Höhe der Netto-Anschaffungskosten aufgenommen, da die Vorsteuer nach § 15 UStG abgezogen werden kann. Das Fahrzeug wollte der Stpfl. ursprünglich für betriebliche Zwecke nutzen. Im Laufe der Zeit stellt sich jedoch heraus, dass es ausschließlich von der – nicht im Unternehmen beschäftigten – Tochter des Unternehmers gefahren wird. Diese hat folglich auch die laufenden Kosten getragen.

Buchungssätze:

2011:

(1)	Bank	25.000	an	Darlehen	25.000
(2)	Kraftfahrzeuge	25.000			
	Vorsteuer	4.750	an	Bank	29.750
(3)	AfA (20%/1 Monat)	417	an	Kraftfahrzeuge	417
(4)	Zinsaufwand (10 Tage)	56	an	Bank	56

Buchung auf Konten:

S	Kraftfahrzeuge		H
(2)	25.000	417	(3)

S	Bank		H
(1)	25.000	29.750	(2)
		56	(4)

S	Vorsteuer		H
(2)	4.750		

S	Darlehen		H
		25.000	(1)

S	AfA		H
(3)	417		

S	Zinsaufwand		H
(4)	56		

Aufgaben:

a) Welche steuerlichen Folgerungen sind aus der Feststellung der Bp zu ziehen, dass die Tochter das Fahrzeug genutzt hat?

b) Welche umsatzsteuerlichen Auswirkungen ergeben sich?

8. Rechnungsabgrenzungsposten

Ein Möbelhändler zahlt die Versicherungsprämie für seine Auslieferungslastwagen am 30.6.2010 für die Zeit vom 1.7.2010 bis 30.6.2011 im Voraus i.H.v.

Prämie	28.500
Versicherungsteuer 19%	5.415
Gesamtbetrag	33.915

Buchungssatz:

2010:

Kfz-Versicherung	28.500			
Vorsteuer	5.415	an	Bank	33.915

Buchung auf Konten:

S	Kfz-Versicherung	H
28.500		

S	Vorsteuer	H
5.415		

S	Bank	H
	33.915	

Aufgaben:

a) Wurden die Versicherungsprämien zu Recht in 2010 in voller Höhe als Aufwand geltend gemacht? Nach welchen Vorschriften?

b) Wurde die Vorsteuer zulässigerweise in Anspruch genommen?

9. Rückstellung für Abbruchverpflichtung

Der Einzelunternehmer Meister pachtet ab 1.1.2010 für 15 Jahre ein unbebautes Grundstück und errichtet dort eine Leichtbauhalle. Meister hat sich in dem Pachtvertrag verpflichtet, die Halle nach Ablauf der Pachtdauer am 31.12.2024 zu demontieren und das Grundstück in dem Zustand zurückzugeben wie er es übernommen hat. Die voraussichtlichen Abbruchkosten betragen nach den Verhältnissen des Bilanzstichtages 31.12.2010 insgesamt 90.000 €, am 31.12.2011 sind diese auf 97.500 € angestiegen.

A bildet für die Abbruchverpflichtung folgende Rückstellungen

31.12.2010	90.000/15 Jahre x 1	6.000
31.12.2011	97.500/15 Jahre x 2	13.000

Buchungssätze:

in 2010:

(1)	Grundstücks-Aufwand	6.000	an	Rückstellungen	6.000

in 2011:

(2)	Grundstücks-Aufwand	7.000	an	Rückstellungen	7.000

Buchung auf Konten:

S	Grundstücks-Aufwand	H
(1)	6.000	
(2)	7.000	

S	Rückstellungen		H
		6.000	(1)
		7.000	(2)

Aufgaben:

a) Hat der Stpfl. Meister die Rückstellungen zutreffend ermittelt?
b) Welchen Einfluss hat die Restlaufzeit auf die Höhe der Rückstellung?

10. Bonusgutschrift

Der Lebensmitteleinzelhändler Armin Hilpert erhält am 25.2.2011 für 2010 auf seinem betrieblichen Bankkonto von seinem Großhändler, der Lebensmittel AG, die aufgrund des getätigten Umsatzes ihm Anfang 2010 rechtsverbindlich zugesagte Bonusgutschrift i.H.v. brutto 11.900 €.

Ein Beleg der AG liegt ihm im Zeitpunkt der Überweisung des Bonusbetrags nicht vor. Der Steuerberater weist Hilpert darauf hin; dieser fordert bei seinem Großhändler einen Abrechnungsbeleg an. Im Zeitpunkt der Erstellung des Jahresabschlusses 2010 am 30.3.2011 liegt noch keine Antwort der AG vor.

Buchungssatz:

2010:

Sonst. Forderungen	11.900	an	Boni-Erträge	11.121,50
			Vorsteuer	778,50

Buchung auf Konten:

S	Sonst. Forderungen	H
11.900,00		

S	Boni-Erträge	H
	11.121,50	

S	Vorsteuer	H
	778,50	

Aufgaben:

a) Durfte der Steuerberater im Rahmen des Jahresabschlusses den im Jahre 2011 eingegangenen Bonus bereits 2010 als Ertrag buchen?

b) Durch die Bp wurde festgestellt, dass Hilpert folgende Wareneinkäufe (brutto) bei seinem Großhändler im Jahr 2010 getätigt hat:

Lebensmittel mit	7% USt:	264.444,33 €
Lebensmittel mit	19% USt:	132.222,33 €

Der vereinbarte Bonus beträgt bei einem Umsatz in dieser Höhe 3%.
Welche Änderungen durch die Bp ergeben sich aus diesen Feststellungen?

11. Damnum

Ein Unternehmer benötigt für eine betriebliche Investition einen Kredit. Er erhält bei seiner Hausbank ein Fälligkeitsdarlehen i.h.v. 200.000 €. Die Laufzeit des Kredits beträgt 5 Jahre (1.3.2010–28.2.2015). Das vereinbarte Damnum i.h.v. 5.000 € wird im Zeitpunkt der Kreditgewährung von der Bank einbehalten.

Buchungssatz:

2010:

Bank	195.000			
Zinsaufwand	5.000	an	Darlehen	200.000

Buchung auf Konten:

S	Bank	H
195.000		

S	Zinsaufwand	H
5.000		

S	Darlehen	H
	200.000	

Aufgabe:

Wurde das Damnum zu Recht im Kalenderjahr 2010 als Aufwand geltend gemacht? Nach welchen Vorschriften?

12. Bewirtungskosten

Der Einzelunternehmer Bernd Klöver bucht in 2011 folgende Bewirtungskosten als Betriebsausgaben auf dem Konto „Bewirtungskosten 70%".

Datum	netto	Vorsteuer	Anmerkungen
18.2.2006	130,00	24,70	Kundengespräch
24.4.2006	190,00	36,10	Kundengespräch
2.5.2006	350,00	66,50	Geburtstagsessen
28.7.2006	120,00	22,80	Kundengespräch

22.8.2006	140,00	26,60	Kundengespräch
31.10.2006	160,00	30,40	Kundengespräch
31.12.2006	380,00	72,20	Silvestergala
	1.470,00	279,30	

Buchungssatz (zusammengefasst):

in 2011:

| Bewirtungskosten | 1.470,00 | | | |
| Vorsteuer | 279,30 | an | Kasse | 1.749,30 |

Buchung auf Konten:

| S | Bewirtungskosten | H |
| 1.470,00 | | |

| S | Vorsteuer | H |
| 279,30 | | |

| S | Kasse | H |
| | 1.749,30 | |

Aufgaben:

1. Hat Herr Klöver die Bewirtungskosten in zutreffender Höhe als Betriebsausgaben gebucht?
2. Wurde der Vorsteuerabzug korrekt vorgenommen?

Begründen Sie ihre Entscheidung unter Angabe der gesetzlichen Vorschriften

13. Geschenke

Der Kaufmann Gerd Müller hat im Jahr 2011 zu verschiedenen Anlässen hochwertige Präsente an ausgewählte gute Geschäftsfreunde verteilt. Dabei führt er genaue Listen, wem er welches Geschenk überreicht hat, damit er niemanden vergisst.

	Einzelpreis netto	gesamt netto
30 Uhren	25,00	750,00
20 Flaschen Wein	10,00	200,00
10 Flaschen Sekt	12,00	120,00
Gesamtkosten netto		1.070,00

Umsatzsteuer		203,30
Gesamtkosten brutto		1.273,30

Aus den vorgelegten Listen ergab sich, dass insgesamt 30 Geschäftsfreunde beschenkt wurden, von denen jeder eine Uhr und eine Flasche Wein oder Sekt erhielten.

Buchungssätze (zusammengefasst):

in 2011:

Geschenkaufwand	1.070,00			
Vorsteuer	203,30	an	Bank	1.273,30

Buchung auf Konten:

S	Bank	H
	1.273,30	

S	Vorsteuer	H
203,30		

S	Geschenkaufwand	H
1.070,00		

Aufgabe:

1. Wurden die Geschenkaufwendungen zulässigerweise in 2011 als Betriebsausgaben abgezogen?
2. Ist der Vorsteuerabzug zulässig?

14. Bußgelder

Gegen den Kaufmann Rolf Schumacher wurden in 2011 wegen Verstößen gegen die Straßenverkehrsordnung (Geschwindigkeitsübertretungen) in zwei Fällen Bußgelder i.H.v. insgesamt 650 € sowie ein befristetes Fahrverbot verhängt. Da es sich um betrieblich veranlasste Fahrten zu Kunden handelte, hat der Stpfl. die Bußgelder als Betriebsausgaben gebucht.

Buchungssatz:

2011:

Gebühren und Beiträge	650	an	Bank	650

Buchung auf Konten:

S	Bank	H
		650

S	Gebühren und Beiträge	H
650		

Aufgabe:

Durfte Herr Schumacher die Bußgelder als abzugsfähige Betriebsausgaben buchen?

15. Versicherungserstattung

Nach einem Verkehrsunfall mit seinem Lieferwagen nimmt der Einzelunternehmer Rainer Schnellinger seine Kraftfahrzeug Vollkasko-Versicherung in Anspruch. Die Anzeige des Schadens erfolgt am 20.10.2010. Am Bilanzstichtag 31.12.2010 ist das Geld von der Versicherung noch nicht eingegangen.

Die Zahlung i.H.v. 18.000 € erfolgt am 18.2.2011. Die Bilanz wird durch den Steuerberater des Unternehmers Ende März 2006 erstellt.

Buchungssatz:

in 2011:

Bank	18.000	an	periodenfremde Erträge	18.000

Buchung auf Konten:

S	Bank	H
18.000		

S	Periodenfremde Erträge	H
		18.000

Aufgabe:

Hat der Unternehmer die Versicherungserstattung zutreffend erst in 2011 als Ertrag erfasst?

B.   Einzelunternehmen mit Gewinnermittlung nach § 4 Abs. 3 EStG

1.   Honorare

Der Steuerberater Werner Wichtig hat gegenüber seinem Mandanten, dem Motorrad-Händler Hans Honda noch Honorarforderungen i.H.v. 10.000 € zzgl. 19% Umsatzsteuer (brutto 11.900 €).

Da Herr Wichtig ein großer Motorrad-Fan und Herr Honda immer schlecht bei Kasse ist, vereinbaren die beiden am 30.5.2011, dass die Honorarforderung durch die Übergabe eines Motorrades im Wert von brutto 9.900 € und eine Barzahlung i.H.v. 2.000 € beglichen werden soll. Herr Wichtig nutzt das Motorrad ausschließlich privat.

Herr Wichtig bucht die Barzahlung als Betriebseinnahme und rechnet auch die Umsatzsteuer zutreffend aus dem Bruttobetrag heraus.

Aufgabe:

Hat Herr Wichtig seine Betriebseinnahmen und die Umsatzsteuer 2011 zutreffend ermittelt?

2.   Umsatzsteuer

Der freiberuflich tätige Unternehmensberater Fred Schlau überweist die Umsatzsteuerzahlung aus der Voranmeldung des Monats Dezember 2011 am 15.1.2012. Herr Schlau behandelt die Zahlung i.H.v. 3.350 € als Betriebsausgabe des Jahres 2011 gem. § 11 Abs. 2 Satz 2 i.V.m. Abs. 1 Satz 2 EStG.

Aufgabe:

Hat Herr Schlau die Umsatzsteuerzahlung korrekt als Betriebsausgabe des Jahres 2011 behandelt?

3.   Darlehen

Der praktische Arzt Dr. Eugen Müller-Wohltat hat in 2010 eine selbständige Praxis eröffnet. Die Praxiseinrichtung hat er dabei teilweise von seinem in den Ruhestand getretenen Vorgänger Dr. Heinrich Heiler übernommen, der ihm für die Übernahme einen langfristigen, nur mit 4% verzinslichen und erst ab 2014 zu tilgenden Kredit eingeräumt hat.

Die Anschaffung von neuen abnutzbaren Wirtschaftsgütern des Anlagevermögens hat Herr Müller-Wohltat mit einem Bankkredit und einem Darlehen seiner Lebensgefährtin finanziert. Der Kredit der Lebensgefährtin ist ebenfalls mit 4% verzinst.

Kredit Dr. Heiler	10.000,00
Kredit Lebensgefährtin	20.000,00
Bankkredit	90.000,00
Gesamt	120.000,00

Im Januar 2011 ist Herr Dr. Heiler überraschend verstorben, so dass das Darlehen nicht mehr zurückzuzahlen war. Im Mai 2011 schließlich verzichtete die Lebensgefährtin anlässlich der Trennung von Müller-Wohltat auf die Rückzahlung ihres Darlehens.

Die Darlehensgewährungen in 2010 und auch deren Wegfall in 2011 wurden insgesamt nicht in der Einnahmen-Überschuss-Rechnung erfasst.

Aufgabe:

Welche steuerlichen Konsequenzen hat Herr Müller-Wohltat aus den Kreditaufnahmen und deren Wegfall in 2011 zu ziehen?

4.   Durchlaufende Posten

Der Rechtsanwalt Joachim Justus verausgabt in 2010 folgenden Betrag im Namen und für Rechnung eines seiner Mandanten:

Gerichtskostenvorschuss (Einzahlung bei Gericht am 20.12.2010)		1.800,00 €

Der Betrag wird von dem Mandanten zusammen mit der Honorarrechnung im Februar 2011 erstattet. Herr Justus bucht den Betrag von 1.800 € nicht mehr als Betriebsausgabe im Jahr 2010, da es sich seiner Meinung nach um einen durchlaufenden Posten handelt (§ 4 Abs. 3 Satz 2 EStG). Die Erstattung in 2011 erfasst er folglich auch nicht als Betriebseinnahme.

Aufgabe:

Hat Herr Justus die Einzahlung und Erstattung des Gerichtskostenvorschusses zutreffend erfasst?

5. Provisionszahlungen

Der Handelsvertreter Karl König ermittelt den Gewinn durch Überschussrechnung nach § 4 Abs. 3 EStG. Im Jahr 2011 vereinnahmt er u. a. Provisionen i.H.v. 28.000 €, die ihm von einem seiner Auftraggeber gutgeschrieben wurden. Der Provision lag ein Umsatz von 100.000 € zugrunde, die Provision wurde jedoch aus Versehen nicht mit 18%, sondern mit 28% errechnet. Herr König geht davon aus, dass er die überhöhte Provision im Folgejahr zurückzahlen muss, sobald der Fehler beim Auftraggeber auffällt.

Deshalb erfasst er nur einen Betrag i.H.v. 18.000 € als Betriebseinnahme.

Aufgabe:

Hat Herr König die Betriebseinnahmen 2011 zutreffend ermittelt?

C.   Personengesellschaften mit Gewinnermittlung nach § 5 EStG

1.   Rückstellung für Prozesskosten

Die Karl GmbH & Co KG musste aufgrund von Umsatzrückgängen und schlechter Kapazitätsauslastung zahlreiche Arbeitnehmer entlassen.

Einige von ihnen klagten daraufhin vor dem zuständigen Arbeitsgericht, um die Entscheidung des Arbeitgebers überprüfen zu lassen. Die Verfahren befinden sich 2011 vor dem Bundesarbeitsgericht. Die Urteile sind am 7.1.2012 in mündlichen Verhandlungen ergangen. Die Klagen der ehemaligen Arbeitnehmer wurden abgewiesen. Die schriftlichen Urteilsgründe wurden den Beteiligten am 19.2.2012 zugestellt.

Die Bilanz zum 31.12.2011 wurde am 27.3.2012 durch den Wirtschaftsprüfer testiert. Die KG hat in ihren Handels- und Steuerbilanzen Rückstellungen für Prozesskosten – in steigender Höhe – gebildet. Zum 31.12.2010 betrug die Rückstellung 300.000 €; zum 31.12.2011 erhöhte sie sich auf 500.000 €.

Buchungssatz:

2011:

Rechts- und Beratungskosten   200.000   an   Rückst. Prozesskosten   200.000

Buchung auf Konten:

S Rechts- und Beratungskosten H	
200.000	

S Rückstellung Prozesskosten H	
	200.000

Aufgabe:

Durfte die KG die Rückstellungen für Prozesskosten zum 31.12.2011 noch passivieren?

2. Zahlung von Steuern

Vom betrieblichen Bankkonto der Geschwister Edgar und Martina Müller OHG sind im Kalender 2011 folgende Steuerzahlungen geleistet worden:

02.7.2011	Edgar Müller	Einkommensteuer 2009	3.000
		Kirchensteuer 2009	270
		Solidaritätszuschlag 2009	165
		Zinsen § 233a AO	45
30.9.2011	Martina Müller	Einkommensteuer 2010	1.200
		Kirchensteuer 2010	108
		Solidaritätszuschlag 2010	66

Außerdem ist auf dem gleichen Bankkonto eine Erstattung des Finanzamts eingegangen:

01.12.2011	Martina Müller	Einkommensteuer 2009	1.400
		Kirchensteuer 2009	126
		Solidaritätszuschlag 2009	77
		Zinsen § 233a AO	56

Buchungssätze:

2011:

(1)	Sonstige Steuern	3.435			
	Zinsaufwand	45	an	Bank	3.480
(2)	Sonstige Steuern	1.374	an	Bank	1.374
(3)	Bank	1.659	an	Sonstige Steuern	1.603
				Zinserträge	56

Buchung auf Konten:

S	Bank		H
(3)	1.659	3.480	(1)
		1.374	(2)

S	Sonstige Steuern		H
(1)	3.435	1.603	(3)
(2)	1.374		

S	Zinsaufwand	H
(1)	45	

S	Zinserträge	H
		56 (3)

Aufgabe:

Hat die Müller OHG zu Recht die gezahlten Steuern und die Zinsen als Betriebsausgaben bzw. die erstatteten Beträge als Betriebseinnahmen behandelt?

D.   Kapitalgesellschaften mit Gewinnermittlung nach § 5 EStG

1.   Darlehen an Gesellschafter

An der Freizeit GmbH sind im Jahr 2011 folgende Gesellschafter beteiligt:

Harry Hirsch	55 %	275.000
Claudia Hirsch	40 %	200.000
Anna Hirsch	5 %	25.000

Das Stammkapital beträgt somit 500.000 €. Geschäftsführer sind Harry und seine Schwester Claudia.

Am 1.7.2011 gewährt die GmbH ihrem Gesellschafter Harry Hirsch ein Darlehen i.H.v. 50.000 € zur Anschaffung eines ausschließlich privat genutzten Kraftfahrzeugs. Nach Erhalt des Geldes bestätigt Hirsch der Gesellschaft, dass er den Betrag zum 30.6.2013 in einer Summe zurückzahlen werde. Weitere Darlehensvereinbarungen bestehen nicht.

Die marktüblichen Zinsen lagen 2011 bei durchschnittlich 5%.

Buchungssatz:

2011:

      Darlehensforderung   50.000   an   Bank   50.000

Buchung auf Konten:

S	Bank	H
		50.000

S	Darlehensforderung	H
50.000		

Aufgabe:

Wie ist das Darlehensverhältnis zwischen der GmbH und ihrem Gesellschafter steuerlich zu würdigen?

2.   Miete

Karl Kleinmann ist Alleingesellschafter der Kleinmann Immobilien GmbH. Diese befasst sich in erster Linie mit der Vermietung von eigenen Mehrfamilienhäusern. Ab 1.4.2011 vermietet die GmbH auch eine 80 qm große Wohnung in einem ihrer Häuser an die Tochter von Karl Kleinmann. Der im Voraus abgeschlossene Mietvertrag enthält alle notwendigen Angaben und regelt Rechte und Pflichten von Mieterin und Vermieterin. Die vereinbarte und auch tatsächlich immer pünktlich gezahlte Miete beträgt 2 €/qm. Die Nebenkosten werden gesondert nach Verbrauch abgerechnet. Die ortsübliche Miete beträgt nach dem Mietspiegel 5 €/qm für Wohnungen mit vergleichbarer Größe und Ausstattung.

Buchungssätze (zusammengefasst):

2011

	Bank	1.440	an	Mieterträge	1.440

Buchung auf Konten:

S	Bank	H
1.440		

S	Mieterträge	H
	1.440	

Aufgabe:

Ergeben sich aus dem o.g. Sachverhalt steuerliche Folgerungen?

3.   Empfang

Die Fischer Maschinenbau GmbH veranstaltete am 14.10.2011 anlässlich des 70. Geburtstages des Firmengründers und Senior-Geschäftsführers Frank Fischer einen Empfang, an dem insgesamt 100 geladene Gäste (Geschäftsfreunde sowie Freunde und Bekannte) teilnahmen. Herr Frank Fischer ist an der GmbH mit 1/3 beteiligt.

Die Fischer GmbH behandelte die Aufwendungen für die Veranstaltung mit insgesamt 7.000 € zzgl. Umsatzsteuer als Betriebsausgaben:

Buchungssatz:

2011:

Sonstige Verwaltungskosten	7.000				
Vorsteuer	1.330	an	Bank	8.330

Buchung auf Konten:

S	Sonstige Verwaltungskosten	H
7.000		

S	Vorsteuer	H
1.330		

S	Bank	H
	8.330	

Aufgabe:

Hat die Fischer GmbH die Aufwendungen und die Vorsteuern korrekt gebucht?

Lösungsteil: Lösungshinweise zu den Übungsaufgaben

A. Einzelunternehmen mit Gewinnermittlung nach § 5 EStG

1. Anschaffungskosten Grundstück

Feststellungen der Bp:

Anschaffungskosten eines Wirtschaftsguts sind die Aufwendungen, die geleistet werden, um ein WG zu erwerben und dieses in einen betriebsbereiten Zustand zu versetzen, soweit diese Aufwendungen dem WG einzeln zugeordnet werden können. Zu den Anschaffungskosten gehören auch die Nebenkosten sowie die nachträglichen Anschaffungskosten (H 6.2 „Anschaffungskosten" EStH 2011, § 255 Abs. 1 HGB, Anh. 10 EStH).

Somit gehören zu den Anschaffungskosten eines Grundstücks

– der Kaufpreis und

– die Nebenkosten.

Da der Grund und Boden nicht abgeschrieben werden kann (§ 6 Abs. 1 Nr. 2 EStG), sind die Nebenkosten im Verhältnis der Werte des Grund und Bodens zum Gebäude wie folgt aufzuteilen:

	Gesamt	Grund und Boden	v.H.	Gebäude	v.H.
Kaufpreis	1.000.000	400.000	40	600.000	60
Grunderwerbsteuer	35.000	14.000		21.000	
Notarkosten	10.000	4.000		6.000	
Gerichtskosten	9.000	3.600		5.400	
Anschaffungskosten lt. Bp	1.054.000	421.600		632.400	

Die Vorsteuer aus der Rechnung des Notars gehört nicht zu den Anschaffungskosten (§ 9b Abs. 1 EStG).

Der Stpfl. durfte die Abschreibung nicht mit 4%, sondern nur mit 3% jährlich geltend machen (gilt bei Wirtschaftsgütern, die nach dem 31.12.2000 angeschafft oder hergestellt worden sind; anzuwenden ab 1.1.2001). Das Gebäude gehört zum Betriebsvermögen und dient nicht Wohnzwecken. Außerdem ist der Bauantrag – nach den Feststellungen der Bp – nach dem 31. 3. 1985 gestellt worden. Somit sind alle Voraussetzungen des § 7 Abs. 4 Nr. 1 EStG i.V.m. R 7.2 EStR 2008 und H 7.2 EStH 2011 erfüllt.

Im Jahr der Anschaffung kann aber nur die AfA pro rata temporis berücksichtigt werden, d.h. für den Stpfl., dass er die AfA im Kj. 2011 lediglich für 6 Monate in Anspruch nehmen kann (R 7.4 (2) Satz 1 EStR 2008).

Die AfA für das Gebäude berechnet sich für Herrn Mayer durch die Bp wie folgt:

Anschaffungskosten lt. Bp	632.400
AfA 3 % x 6/12	9.486

Die Bilanzposten entwickeln sich wie folgt:

Bilanzposten Grund u. Boden	vor Bp	nach Bp	mehr	Gewinn
Zugang	400.000	421.600		
31.12.2011	400.000	421.600	21.600	21.600

Bilanzposten Gebäude	vor Bp	nach Bp	mehr	Gewinn
Zugang	600.000	632.400		
AfA	-12.000	-9.486		
31.12.2011	588.000	622.914	34.914	34.914

2.   AfA-Methoden bei beweglichen Wirtschaftsgütern

Feststellungen der Bp:

Der Stpfl. hat grundsätzlich die Wahl, ob er bewegliche Wirtschaftsgüter des Anlagevermögens linear nach § 7 Abs. 1 EStG oder degressiv nach § 7 Abs. 2 EStG abschreibt (R 7.4 (5) EStR 2008).

Nach dem Wegfall der sog. umgekehrten Maßgeblichkeit durch das BilMoG setzt die Inanspruchnahme der degressiven AfA-Methode in der Steuerbilanz nicht mehr voraus, dass die gleiche Methode in der Handelsbilanz zugrunde gelegt worden ist.

Bauunternehmer Axel Schultze kann somit unabhängig von seiner Handelsbilanz in der Steuerbilanz die degressive AfA wählen, so dass es auch noch grundsätzlich möglich ist, während der Bp die AfA-Methode zu wechseln.

Bei beweglichen Wirtschaftsgütern des Anlagevermögens, die nach dem 31.12. 2008 und vor dem 1.1.2011 angeschafft oder hergestellt worden sind, kann der Stpfl. die

Absetzung für Abnutzung in fallenden Jahresbeträgen nach einem unveränderlichen Prozentsatz vom jeweiligen Buchwert (Restwert) vornehmen.

Der dabei anzuwendende Prozentsatz darf höchstens das Zweieinhalbfache des bei der Absetzung für Abnutzung in gleichen Jahresbeträgen in Betracht kommenden Prozentsatzes betragen und 25% nicht übersteigen.

Somit kann der Stpfl. für die in 2010 angeschafften Wirtschaftsgüter noch die degressive AfA in Anspruch nehmen. Die in 2008 gestrichene degressive Abschreibung wurde durch das Gesetz zur Umsetzung steuerrechtlicher Regelungen des Maßnahmenpakets „Beschäftigungssicherung durch Wachstumsstärkung" vom 21.12.2008 zeitlich begrenzt für die Jahre 2009 und 2010 wieder eingeführt.
Für ab 2011 angeschaffte Wirtschaftsgüter ist eine degressive Abschreibung nicht zulässig.

Nicht beachtet wurde die Regelung des § 7 Abs. Satz 4 EStG, wonach sich der Absetzungsbetrag im Jahr der Anschaffung des Wirtschaftsguts für dieses Jahr um jeweils ein Zwölftel für jeden vollen Monat, der dem Monat der Anschaffung vorangeht, vermindert.

Danach errechnet sich die degressive AfA für die Zugänge 2010 lt. Bp wie folgt:

Zugänge 2010	AK	v.H.	Jahres-AfA	Mon.	AfA 2010	31.12.10	AfA 2011	31.12.11
Bagger	50.000	25,00	12.500	12	12.500	37.500	9.375	28.125
Rüttler	4.000	25,00	1.000	10	834	3.166	792	2.374
Lkw	90.000	25,00	22.500	6	11.250	78.750	19.688	59.062
Schaufelbagger	120.000	25,00	30.000	1	2.500	117.500	29.375	88.125
					27.084		59.230	

Für die Zugänge 2011 bleibt es bei der linearen AfA, jedoch unter Beachtung des § 7 Abs. 1 Satz 4 EStG:

Zugänge 2011	AK	v.H.	Jahres-AfA	Mon.	AfA 2011	31.12.11
Pressluftham.	15.000	33,33	5.000	8	3.334	11.666
Anhänger	12.500	20,00	2.500	6	1.250	11.250
Kipp-Lkw	100.000	20,00	20.000	2	3.334	96.666
					7.918	

Änderungen durch die Bp:

Abschreibungen 2010	vor Bp	nach Bp	mehr/weniger	Gewinn
Maschinen	800	834	34	-34
Fahrzeuge	52.500	26.250	26.250	26.250
Summen	53.300	27.084		26.216

Abschreibungen 2011	vor Bp	nach Bp	mehr/weniger	Gewinn
Maschinen	5.800	4.126	1.674	1.674
Fahrzeuge	75.000	63.022	11.978	11.978
Summen	80.800	67.148		13.652

3. Wechsel der AfA-Methode

Feststellungen der Bp:
Der Übergang von der Absetzung für Abnutzung in fallenden Jahresbeträgen zur Absetzung für Abnutzung in gleichen Jahresbeträgen ist zulässig. In diesem Fall bemisst sich die AfA vom Zeitpunkt des Übergangs an nach dem dann noch vorhandenen Restwert und der Restnutzungsdauer des einzelnen Wirtschaftsguts (§ 7 Abs. 3 EStG). Der Stpfl. darf somit im Kalenderjahr 2011 die AfA-Art wechseln. Hinsichtlich der Höhe ermittelt der Betriebsprüfer die AfA wie folgt:

	Monate	HB/StB	PB
Zugang Juni 2006		200.000	200.000
AfA 30% degressiv (2006)	7	-35.000	-35.000
Stand 31.12.2006		165.000	165.000
AfA 30% degressiv (2007)	12	-49.500	-49.500
Stand 31.12.2007		115.500	115.500
AfA 30% degressiv (2008)	12	-34.650	-34.650
Stand 31.12.2008		80.850	80.850
AfA 30% degressiv (2009)	12	-24.255	-24.255
Stand 31.12.2009		56.595	56.595
AfA 30% degressiv (2010)	12	-16.979	-16.979
Stand 31.12.2010		39.616	39.616
AfA 33,33% linear (2011)	12	-13.205	
AfA 12/41 linear (2011)			-11.595
Stand 31.12.2011		26.411	28.021

Nach § 7 Abs. 2 Satz 3 EStG i.d.F. des JStG 2007 darf für bewegliche Wirtschaftsgütern des Anlagevermögens, die nach dem 31.12.2005 und vor dem 1.1.2008 angeschafft oder hergestellt worden sind, der anzuwendende Prozentsatz höchstens das Dreifache des bei der Absetzung für Abnutzung in gleichen Jahresbeträgen in Betracht kommenden Prozentsatzes betragen und 30 Prozent nicht übersteigen.

Der Stpfl. hat bei der Ermittlung der Restnutzungsdauer nicht beachtet, dass diese monatsgenau zu ermitteln ist.

Gesamtnutzungsdauer	96 Monate
davon 2006–2010	55 Monate
Rest ab 2011	41 Monate
somit AfA 2011: 12/41	

Änderungen durch die Bp:

Bilanzposten Maschinen	vor Bp	nach Bp	mehr	Gewinn
31.12.2011	26.411	28.021	1.610	1.610

4. Betriebsgewöhnliche Nutzungsdauer – Sonder-AfA

Feststellungen der Bp:

Die vom Stpfl. geschätzte betriebsgewöhnliche Nutzungsdauer von 10 Jahren ist nach der gültigen amtlichen AfA-Tabelle für allgemein verwendbare Wirtschaftsgüter, die nach dem 31.12.2000 angeschafft wurden, zu niedrig angesetzt. Die Bp bemisst die betriebsgewöhnliche Nutzungsdauer danach mit 13 Jahren (Nr. 6.15). Die als Betriebsausgabe geltend gemachte AfA ist daher zu hoch.

Die volle Jahres-AfA ist nicht zulässig, da die Anschaffung erst im März 2011 erfolgte. Daher ist die Abschreibung gem. § 7 Abs. 1 Satz 4 EStG nur zeitanteilig für 10 Monate zu gewähren. Die korrekte AfA beläuft sich auf:

7,7% von 40.000 € = 3.080 € x 10/12 = 2.567 €

Der Stpfl. kann zwar grundsätzlich die Sonderabschreibung nach § 7g Abs. 5 EStG i.H.v. 20% der Anschaffungs- oder Herstellungskosten in Anspruch nehmen. Voraussetzung nach § 7g Abs. 6 Nr. 1 i.V.m. Abs. 1 Satz 2 Nr. 1 EStG ist jedoch, dass die dort genannten Größenmerkmale nicht überschritten werden. Nach dieser Vorschrift

darf bei Gewerbebetrieben das Betriebsvermögen den Wert von 235.000 € nicht
übersteigen. Somit wäre die Sonderabschreibung grundsätzlich nicht zulässig. Nach
§ 52 Abs. 23 Satz 5 EStG darf aber in Wirtschaftsjahren, die nach dem 31.12.2008
beginnen und vor dem 1.1.2011 enden, das Betriebsvermögen den Betrag von
335.000 € nicht übersteigen. Da vorliegend das Wj. 2011 jedoch nach dem 1.1.2011
endet, kommt die Gewährung einer Sonderabschreibung nicht in Betracht.

	vor Bp	nach Bp
lineare AfA	4.000	2.567
Sonder-AfA	8.000	0
Gesamt	12.000	2.567

Änderungen durch die Bp:

Bilanzposten BGA	vor Bp	nach Bp	mehr	Gewinn
31.12.2011	28.000	37.433	9.433	9.433

5. Investitionsabzugsbetrag

Feststellungen der Bp:

Nach den Feststellungen des Betriebsprüfers wurden die Abschreibungen nicht zutreffend berechnet.

Der Investitionsabzugsbetrag wurde in 2008 zutreffend mit 40.000 € (40% der voraussichtlichen Anschaffungskosten der Maschine) ermittelt und außerbilanziell abgezogen (§ 7g Abs. 1 Satz 1 EStG). Ebenfalls zutreffend erfolgte die außerbilanzielle
Zurechnung dieses Investitionsabzugsbetrages in 2009 gem. § 7g Abs. 2 Satz 1
EStG mit demselben Wert.

Die Maschine wurde zunächst zutreffend mit ihren Anschaffungskosten i.H.v.
100.000 € erfasst und dann um den Betrag des zugerechneten Investitionsabzugsbetrages gem. § 7g Abs. 2 Satz 2 EStG i.H.v. 40.000 € gemindert. Nicht beachtet wurde jedoch die Regelung des § 7g Abs. 2 Satz 2 Hs. 2 EStG, wonach sich auch die
Bemessungsgrundlage für die Sonderabschreibungen und übrigen Abschreibungen
und diesen Betrag vermindert.

Die lineare AfA ist neben der Sonder-AfA zulässig und beträgt in 2009 12,50 % der Bemessungsgrundlage.

AK in 2009	100.000
Abzug § 7g Abs. 2	-40.000
Bemessungsgrundlage	60.000
Sonder AfA § 7g Abs. 5	-12.000
AfA § 7 Abs. 1	-7.500
Stand 31.12.2009	40.500
AfA § 7 Abs. 1	-7.500
Stand 31.12.2010	33.000
AfA § 7 Abs. 1	-7.500
Stand 31.12.2011	25.500

Änderungen durch die Bp:

Bilanzposten Maschinen	vor Bp	nach Bp	mehr	Gewinn
31.12.2009	27.500	40.500	13.000	13.000
31.12.2010	15.000	33.000	18.000	5.000
31.12.2011	2.500	25.500	23.000	5.000

6. Anschaffung Software

Feststellungen der Bp:

Die vom Unternehmer Kleber erworbene Software ist als ein abnutzbares immaterielles Wirtschaftsgut des Anlagevermögens anzusehen (§ 6 Abs. 1 Nr. 1 EStG). Das Aktivierungsverbot des § 5 Abs. 2 EStG gilt nicht, da es sich nicht um ein selbst geschaffenes immaterielles Wirtschaftsgut handelt.

Die Anschaffungskosten setzen sich im vorliegenden Falle zusammen aus den Anschaffungskosten für das eigentliche Softwaresystem sowie den Aufwendungen für die besondere Programmierung, da diese Kosten entstanden sind, um das Wirtschaftsgut in einen für den Betrieb funktionsfähigen Zustand zu versetzen. Nicht dazu gehören die Aufwendungen für die Schulung der Mitarbeiter.

Die Anschaffungskosten von somit insgesamt 270.000 € sind zu aktivieren und auf eine Nutzungsdauer von 5 Jahren abzuschreiben. Die AfA im Jahr der Anschaffung ist nur zeitanteilig zu berechnen:

| AfA 2011: | 270.000 | x 20% | x 7/12 | 31.500 |

Hinweis auf BMF-Schreiben vom 17.10.2005, BStBl 2005 I S. 1025.

Änderungen durch die Bp:

Bilanzposten Software	vor Bp	nach Bp	mehr	Gewinn
31.12.2011	80.000	238.500	158.500	158.500

7. Darlehen

Feststellungen der Bp:

Nach den Feststellungen des Betriebsprüfers handelt es sich bei dem genannten Pkw um ein ausschließlich privat genutztes Fahrzeug. Es stellt somit notwendiges Privatvermögen dar (R 4.2 (1) Satz 5 EStR), das nicht bilanziert werden darf.
Für das Darlehen konnte damit keine betriebliche Veranlassung nachgewiesen werden. Die Zinsen stellen Kosten der privaten Lebensführung dar (§ 12 Nr. 1 EStG) und sind nicht als Betriebsausgaben abzugsfähig.

Umsatzsteuerlich ist die geltend gemachte Vorsteuer rückgängig zu machen, da die Lieferung des Fahrzeugs nicht an das Unternehmen des Stpfl. erfolgt ist (§ 15 Abs. 1 UStG).

Änderungen durch die Bp:

Bilanzposten Kraftfahrzeuge	vor Bp	nach Bp	weniger	Gewinn
31.12.2011	24.583	0	24.583	-24.583

Bilanzposten Darlehen	vor Bp	nach Bp	weniger	Gewinn
31.12.2011	25.000	0	25.000	25.000

USt-Schuld	vor Bp	nach Bp	mehr	Gewinn
31.12.2011	0	4.750	4.750	-4.750

Privatentnahmen	vor Bp	nach Bp	mehr	Gewinn
2011	0	4.806	4.806	4.806

8. Rechnungsabgrenzungsposten

Feststellungen der Bp:

Der in 2010 angefallene Aufwand i.H.v. 33.915 € ist nach dem Grundsatz der periodengerechten Gewinnermittlung auf die beiden Kalenderjahre 2010 und 2011 zu verteilen (§ 5 Abs. 5 Nr. 1 EStG). Dazu wird ein Bilanzposten „Aktive Rechnungsabgrenzung" in Höhe der Prämie für 6 Monate gebildet.

Die geltend gemachte Vorsteuer ist nicht abzugsfähig, da in den Versicherungsprämien keine Umsatzsteuer enthalten ist (siehe Rechnung der Versicherung und § 4 Nr. 10a UStG).

Änderungen durch die Bp:

Bilanzposten Aktiver RAP	vor Bp	nach Bp	mehr	Gewinn
31.12.2010	0	16.957	16.957	16.957
31.12.2011	0	0	0	-16.957

USt-Schuld	vor Bp	nach Bp	mehr	Gewinn
31.12.2010	0	5.415	5.415	-5.415
31.12.2011	0	5.415	5.415	0

9. Rückstellung für Abbruchverpflichtung

Feststellungen der Bp:

Für die Abbruchverpflichtung hat Meister eine Rückstellung für ungewisse Verbindlichkeiten zu bilden. Da für das Entstehen der Verpflichtung im wirtschaftlichen Sinne der laufende Betrieb ursächlich ist (Nutzung der Halle), ist die Rückstellung nach § 6 Abs. 1 Nr. 3a Buchstabe d Satz 1 EStG zeitanteilig in gleichen Raten anzusammeln. Diese Regelung wurde vom Stpfl. Meister auch zutreffend berücksichtigt, da er ausgehend von den mutmaßlichen Abbruchkosten am Bilanzstichtag unter Berücksichtigung der Restlaufzeit einen Rückstellungsbetrag ermittelt hat.

Nicht beachtet wurde jedoch, dass die Rückstellung nach § 6 Abs. 1 Nr. 3a Buchstabe e Satz 1 EStG auf die voraussichtliche Restlaufzeit abzuzinsen ist (hierzu vgl. auch BMF-Schreiben vom 26.5.2005, BStBl 2005 I S. 699).

Bewertung am Bilanzstichtag 31.12.2010:

Zum 31.12.2010 ist unter Berücksichtigung der Wertverhältnisse am Bilanzstichtag eine Rückstellung von 1/15 anzusetzen, die zusätzlich nach § 6 Abs. 1 Nr. 3a Buchstabe e Satz 1 EStG abzuzinsen ist. Der Beginn der Erfüllung der Sachleistungsverpflichtung (Abbruch) ist voraussichtlich der 31.12.2024 (Ablauf des Pachtvertrages). Am 31.12.2010 ist somit eine Restlaufzeit von 14 Jahren maßgebend.

Nach Tabelle 2 zum o.g. BMF-Schreiben ergibt sich bei einer Restlaufzeit von 14 Jahren ein Vervielfältiger von 0,473.

Bewertung am Bilanzstichtag 31.12.2011:

Am 31.12.2011 ist die Rückstellung unter Berücksichtigung der erhöhten voraussichtlichen Kosten nach den Verhältnissen an diesem Bilanzstichtag und einer Restlaufzeit von 13 Jahren anzusetzen.

Nach Tabelle 2 zum o.g. BMF-Schreiben ergibt sich bei einer Restlaufzeit von 13 Jahren ein Vervielfältiger von 0,499.

Der Ansatz in der steuerlichen Gewinnermittlung zu den Bilanzstichtagen beträgt somit:

| 31.12.2010 | 90.000/15 Jahre x 1 | 6.000 | 0,473 | 2.838 |
| 31.12.2011 | 97.500/15 Jahre x 2 | 13.000 | 0,499 | 6.487 |

Änderungen durch die Bp:

Bilanzposten Rück-stellung Abbruch	vor Bp	nach Bp	weniger	Gewinn
31.12.2010	6.000	2.838	3.162	3.162
31.12.2011	13.000	6.487	6.513	3.351

10. Bonusgutschrift

Feststellungen der Bp:

Bei dem von der Lebensmittel AG gewährten Bonus handelt es sich um eine Umsatzvergütung, auf die der Einzelhändler Hilpert einen Rechtsanspruch hat. Ein Bonus stellt eine Minderung der Anschaffungskosten von Waren dar. Der Grundsatz der periodengerechten Gewinnermittlung verlangt, dass Hilpert als Anspruchsberechtigter den Bonus im Jahr der wirtschaftlichen Zugehörigkeit, also 2010, als Ertrag erfasst. Da die Bemessungsgrundlagen, die Wareneinkäufe bei der AG, am Jahresende feststanden, hätte sich Hilpert den ihm zustehenden Bonus errechnen und den begünstigten und nicht begünstigten Einkäufen zuordnen können.

Umsatzsteuerlich ist nach § 17 Abs. 1 UStG die bei den Wareneinkäufen in Anspruch genommene Vorsteuer von Hilpert zu berichtigen. Die Berichtigung ist für den Besteuerungszeitraum vorzunehmen, in dem die Änderung der Bemessungsgrundlage eingetreten ist (§ 17 Abs. 1 Satz 7 UStG), also bereits 2010.

Die Vorsteuerberichtigung ermittelt sich durch die Bp wie folgt:

	Brutto- Umsatz	davon 3%	netto	USt
7%	264.444,33	7.933,33	7.414,33	519,00
19%	132.222,33	3.966,67	3.333,34	633,33
Summen		11.900,00		1.152,33

Im übrigen hat Hilpert zu Recht von der AG einen Beleg über den gewährten Bonus verlangt (§ 17 Abs. 4 UStG). Damit soll gewährleistet werden, dass Leistender und Leistungsempfänger übereinstimmend buchen. Nach nochmaliger Erinnerung ging der Beleg am 15.4.2011 bei Hilpert ein. Er wies die von der Bp errechneten Beträge aus.

Kürzung Vorsteuer vor Bp	778,50
Kürzung Vorsteuer nach Bp	1.152,33
mehr Kürzung	373,83

Änderungen durch die Bp:

USt-Schuld	vor Bp	nach Bp	mehr	Gewinn
31.12.2011	0	373,83	373,83	-373,83

11. Damnum

Feststellungen der Bp:

Bei dem Damnum handelt es sich um eine Ausgabe, die teilweise auf eine bestimmte Zeit nach dem Bilanzstichtag entfällt.

Das Damnum ist somit als aktiver Rechnungsabgrenzungsposten zu bilanzieren und auf die Laufzeit des Darlehens zu verteilen (§ 5 Abs. 5 Nr. 1 EStG; H 6.10 „Damnum" EStH; BFH vom 19.1.1978, BStBl 1978 II S. 262).

Bei einem Fälligkeitsdarlehen erfolgt die Verteilung in gleichmäßigen jährlichen Raten.

Durch die Bp wird der Zinsaufwand wie folgt auf die Wirtschaftsjahre verteilt:

2010:	5.000	20%	10/12	833,34
2011–2014:	5.000	20%		1.000,00
2015:	5.000	20%	2/12	166,66

Änderungen durch die Bp:

Ansatz einer Bilanzposition Aktive Rechnungsabgrenzung:

Bilanzposten Aktiver RAP	vor Bp	nach Bp	mehr	Gewinn
31.12.2010	0	4.166,66	4.166,66	4.166,66
31.12.2011	0	3.166,66	3.166,66	-1.000,00

Anmerkung:

Ein aktiver Rechnungsabgrenzungsposten ist nicht zu bilden, wenn das Bearbeitungsentgelt (Damnum) im Falle einer vorzeitigen Vertragsbeendigung nicht zurück zu erstatten ist (BFH vom 22.6.2011, BStBl 2011 II S. 870).

12. Bewirtungskosten

Feststellungen der Bp:

Der Betriebsprüfer hat die Bewirtungskosten anhand der vorgelegten Einzelbelege untersucht und festgestellt, dass die geforderten Nachweise erfüllt sind (R 4.10 (8) EStR 2008).

Darüber hinaus hat der Prüfer ermittelt, dass die Bewirtung am 2.5.2011 anlässlich des 40. Geburtstages des Stpfl. mit seiner Familie stattgefunden hat. Nach der Rechtsprechung des BFH kann der Prüfer diese Ausgaben nicht als Betriebsausgaben anerkennen, sondern ordnet diese den Kosten der privaten Lebensführung zu (vgl. BFH vom 29.3.1999, BFH/NV 1999 S. 1254).

Die Bewirtungskosten vom 31.12.2011 sind anlässlich einer exklusiven Silvestergala, an der Herr Klöver mit seiner Ehefrau teilgenommen hat, entstanden. Auch diese Kosten der Lebensführung sind nicht als Betriebsausgaben abziehbar.

Ein Vorsteuerabzug nach § 15 UStG kommt für beide Rechnungen nicht in Betracht, da insoweit kein Leistungsbezug für das Unternehmen erfolgt ist.

Die übrigen Bewirtungskosten sind geschäftlich veranlasst und daher gem. § 4 Abs. 5 Satz 1 Nr. 2 EStG zu 70% als Betriebsausgabe abziehbar.

Der Vorsteuerabzug für diese abziehbaren Bewirtungskosten ist in vollem Umfange zulässig (§ 15 Abs. 1a Satz 2 UStG).

Neuberechnung durch die Bp:

	netto	Vorsteuer
Gesamt	1.470,00	279,30
Geburtstag	-350,00	-66,50
Silvester	-380,00	-72,20
angemessen	740,00	140,60

Von den als angemessen anzusehenden geschäftlich veranlassten Bewirtungskosten sind nunmehr 30% außerhalb der Bilanz bei der Ermittlung der Einkünfte aus Gewerbebetrieb hinzuzurechnen (vgl. R 4.10 (6) EStR 2008).

Änderungen durch die Bp:

USt-Schuld	vor Bp	nach Bp	mehr	Gewinn
31.12.2011	0,00	138,70	138,70	-138,70

Privatentnahmen	vor Bp	nach Bp	mehr	Gewinn
2011	0,00	868,70	868,70	868,70

Außerbilanzielle Zurechnung	vor Bp	nach Bp	mehr	Einkünfte aus Gewerbebetrieb
2011	0,00	222,00	222,00	222,00

13. Geschenke

Feststellungen der Bp:

Geschenke an Geschäftsfreunde sind nur unter den Voraussetzungen des § 4 Abs. 5 Satz 1 Nr. 1 EStG als Betriebsausgaben abzugsfähig.

Danach dürfen einem Geschäftsfreund pro Wirtschaftsjahr insgesamt nur Geschenke im Werte von 35 € überreicht werden. Es handelt sich hierbei um eine Freigrenze.

Nach den Berechnungen des Prüfers wurde diese Grenze in 20 Fällen nicht überschritten (Uhr 25 € zzgl. Wein 10 € ergibt exakt 35 €). Damit bleiben diese Aufwendungen abziehbar. In 10 Fällen jedoch beträgt der Wert der einzelnen Empfängern im Wirtschaftsjahr zugewendeten Gegenstände mehr als 35 € (Uhr 25 € zzgl. Sekt 12 € ergibt 37 €), so dass insoweit das Abzugsverbot eingreift. Daher sind Geschenke i.H.v. 370 € nicht abziehbar.

Es handelt sich jedoch nicht um Privatentnahmen, sondern um Beträge, die außerhalb der Bilanz bei Ermittlung der Einkünfte aus Gewerbebetrieb hinzuzurechnen sind.

Nach § 15 Abs. 1a Satz 1 UStG entfällt für diese nichtabziehbaren Betriebsausgaben der Vorsteuerabzug i.H.v. 70,30 €.

Bei Geschenken über 35 €, für die nach § 15 Abs. 1a Satz 1 UStG i.V.m. § 4 Abs. 5 Satz 1 Nr. 1 EStG kein Vorsteuerabzug vorgenommen werden kann, entfällt nach § 3 Abs. 1b Satz 2 UStG eine Besteuerung der Zuwendungen (vgl. Abschnitt 3.3 (12) UStAE sowie BMF-Schreiben vom 10.7.2000, BStBl 2000 I S. 1185).

Änderungen durch die Bp:

USt-Schuld	vor Bp	nach Bp	mehr	Gewinn
31.12.2011	0,00	70,30	70,30	-70,30

Außerbilanzielle Zurechnung	vor Bp	nach Bp	mehr	Einkünfte aus Gewerbebetrieb
2011	0,00	440,30	440,30	440,30

14. Bußgelder

Feststellungen der Bp:

Die Bußgelder dürfen gem. § 4 Abs. 5 Nr. 8 EStG nicht als Betriebsausgaben abgezogen werden, auch wenn sie anlässlich einer betrieblich veranlassten Fahrt verhängt wurden (vgl. auch R 4.13 EStR 2008).

Änderungen durch die Bp:

Außerbilanzielle Zurechnung	vor Bp	nach Bp	mehr	Einkünfte aus Gewerbebetrieb
2011	0,00	650	650	650

15. Versicherungserstattung

Feststellungen der Bp:

Wegen der periodengerechten Gewinnermittlung ist in der Prüferbilanz zum 31.12.2010 durch die Bp eine sonstige Forderung an die Kfz-Versicherung einzustellen. Dadurch wird die Versicherungserstattung bereits in 2010 steuerlich als Ertrag erfasst.

Änderungen durch die Bp:

Bilanzposten Sonst. Forderungen	vor Bp	nach Bp	mehr	Gewinn
31.12.2010	0	18.000	18.000	18.000
31.12.2011	0	0	0	-18.000

B. Einzelunternehmen mit Gewinnermittlung nach § 4 Abs. 3 EStG

1. Honorare

Feststellungen der Bp:

Der Betriebsprüfer erhält anhand des Kfz-Steuerbescheides Kenntnis von der Existenz des Motorrades und erkundigt sich nach der Anschaffung und Finanzierung der Maschine. Herr Wichtig erläutert den Sachverhalt.

Nach seiner Auffassung können hier keine zusätzlichen steuerpflichtigen Einnahmen vorliegen, da es sich um ein privates Hobby handele. Der Betriebsprüfer ist hier ganz anderer Auffassung. Mit der Aufrechnung der Honorarforderung gegen die Übereignung des privaten Motorrades ist der Geldbetrag i.h.v. 9.900 € i.S.d. § 11 Abs. 1 EStG zugeflossen und anschließend gedanklich für den privaten Zweck verwendet worden. Herr Wichtig muss den gesamten Betrag von brutto 11.900 € als Betriebseinnahme erfassen.

Änderungen durch die Bp:

in 2011:

Erhöhung der Betriebseinnahmen um	9.900,00 €
Erhöhung der Umsatzsteuerschuld um 19% aus 9.900 €:	1.580,67 €

2. Umsatzsteuer

Feststellungen der Bp:

Gem. § 11 Abs. 2 EStG sind Ausgaben für das Kalenderjahr abzusetzen, in dem sie geleistet worden sind.

Eine Ausnahme gilt nur für regelmäßig wiederkehrende Ausgaben, die kurze Zeit nach Beendigung des Kalenderjahrs abfließen. Diese sind dem Kalenderjahr zuzuordnen, in das sie wirtschaftlich gehören (§ 11 Abs. 2 Satz 2 i.V.m. Abs. 1 Satz 2 EStG).

Als „kurze Zeit" ist in der Regel ein Zeitraum von bis zu 10 Tagen anzusehen (H 11 „Allgemeines" EStH 2011; BFH vom 24.7.1986, BStBl 1987 II S. 16 und vom

1.8.2007, BStBl 2008 II S. 282). Die Umsatzsteuerzahlung für Dezember ist erst nach Ablauf der 10 Tage, nämlich am 15. Januar, erfolgt. Deshalb handelt es sich um Betriebsausgaben des Jahres 2012 (vgl. auch OFD Rheinland vom 17.9.2009, DStR 2009 S. 2197; SIS 093022).

Änderungen durch die Bp:

Minderung der Betriebsausgaben 2011 um   3.350 €

Anmerkung:

Die Betriebsausgaben des Jahres 2012 sind dementsprechend um 3.350 € zu erhöhen.

3. Darlehen

Feststellungen der Bp:

Nach Feststellung der Prüferin sind die Darlehensvereinbarungen allesamt steuerlich anzuerkennen, da sie klar und eindeutig und von vornherein abgeschlossen und auch tatsächlich durchgeführt wurden. Die Stpfl. hat die Zinszahlungen zutreffend als Betriebsausgaben erfasst.

Die Aufnahme und Rückzahlung von Darlehen beeinflussen die Gewinnermittlung nach § 4 Abs. 3 EStG grundsätzlich nicht, ebenso wenig wie der Wegfall eines Darlehens aus privaten Gründen. Allerdings führt der Wegfall einer betrieblichen Darlehensverbindlichkeit (hier: gegenüber Herrn Dr. Heiler) aus betrieblichen Gründen zur Gewinnerhöhung (vgl. Beispiel 2.10).

Änderungen durch die Bp:

Erhöhung der Betriebseinnahmen in 2011 um   10.000 €

4. Durchlaufende Posten

Feststellungen der Bp:

Bei den Gerichtskosten handelt es sich um durchlaufende Posten i.S.d. § 4 Abs. 3 Satz 2 EStG, da es sich um Gelder handelt, die im Namen und für Rechnung eines anderen vereinnahmt und verausgabt werden. Diese führen bei der Gewinnermittlung nach § 4 Abs. 3 EStG grundsätzlich trotz ihrer betrieblichen Veranlassung nicht zu Betriebseinnahmen oder Betriebsausgaben.

Die Regelung in R 4.5 (2) Sätze 3 und 4 EStR eröffnet Herrn Justus allerdings ein Wahlrecht in besonderen Fällen:

Hat ein Stpfl. Gelder in fremdem Namen und für fremde Rechnung verausgabt, ohne dass er entsprechende Gelder vereinnahmt, kann er in dem Wirtschaftsjahr, in dem er nicht mehr mit einer Erstattung der verausgabten Gelder rechnen kann, eine Betriebsausgabe in Höhe des nicht erstatteten Betrags absetzen. Soweit der nicht erstattete Betrag in einem späteren Wirtschaftsjahr erstattet wird, ist er als Betriebseinnahme zu erfassen.

Da Herr Justus die Gerichtskosten erst am 20.12.2010 gezahlt hat, konnte er in 2010 nicht mehr mit einer Erstattung durch seinen Mandanten rechnen. Deshalb kann er auch den Betrag in 2010 als Betriebsausgabe und dann in 2011 als Betriebseinnahme ansetzen.

Änderungen (bei entsprechender Ausübung des Wahlrechts):

Erhöhung der Betriebsausgaben in 2010 um	1.800 €
Erhöhung der Betriebseinnahmen in 2011 um	1.800 €

5.   Provisionszahlungen

Feststellungen der Bp:

Herr König muss die erhaltenen Provisionszahlungen gem. § 11 Abs. 1 Satz 1 EStG im Jahr des Zuflusses 2011 in voller Höhe als Einnahmen ansetzen. Die Gelder sind auch dann zugeflossen, wenn feststeht, dass sie teilweise zurückzuzahlen sind. Das „Behaltendürfen" ist nicht Merkmal des Zuflusses i.S.d. § 11 Abs. 1 EStG (vgl. BFH-Urteil vom 13.10.1989, BStBl 1990 II S. 287 und H 4.5 (2) „Vorschusszahlung" EStH 2011).

Änderungen der Bp:

Erhöhung der Betriebseinnahmen 2011 um	10.000 €

C. Personengesellschaften mit Gewinnermittlung nach § 5 EStG

1. Rückstellung für Prozesskosten

Feststellungen der Bp:

Die Rückstellungen für Prozesskosten sind zum 31.12.2011 aufzulösen.

Die Entscheidungen des Bundesarbeitsgerichts lagen am Bilanzstichtag zwar noch nicht vor. Nach § 252 Abs. 1 Nr. 4 HGB sind jedoch „alle vorhersehbaren Risiken und Verluste, die bis zum Abschlussstichtag entstanden sind, zu berücksichtigen, selbst wenn diese erst zwischen Abschlussstichtag und dem Tag der Aufstellung des Jahresabschlusses bekannt geworden sind" (Grundsatz der Wertaufhellung).

Im Umkehrschluss bedeutet dies, dass nicht mehr vorhandene Risiken auch nicht mehr bilanziert werden dürfen.
Da also bis zum Tag der Erstellung des Jahresabschlusses der Ausgang der Verfahren bekannt war, ist diese Kenntnis noch in der Handels- und Steuerbilanz zum 31.12.2011 zu berücksichtigen.

Änderungen durch die Bp:

Bilanzposten Rückstellungen	vor Bp	nach Bp	weniger	Gewinn
31.12.2011	500.000	0	500.000	500.000

2. Zahlung von Steuern

Feststellungen der Bp:

Sämtliche im Sachverhalt genannten Zahlungsvorgänge betreffen den Privatbereich der Gesellschafter Edgar und Martina Müller.

Die Steuer- und Zinszahlungen stellen daher Kosten der privaten Lebensführung dar (§ 12 Nr. 3 EStG) und sind als Privatentnahmen den Kapitalkonten der Gesellschafter zu belasten. Umgekehrt liegt bezüglich der Steuererstattung eine Privateinlage von Martina Müller vor; das Kapitalkonto ist entsprechend zu entlasten.

Änderungen durch die Bp:

Erhöhung Privatentnahmen	Edgar Müller	3.480,00
Erhöhung Privatentnahmen	Martina Müller	1.374,00
Erhöhung Privateinlagen	Martina Müller	1.659,00

Anmerkung der Bp:

Zinsen i.S.v. § 233a AO, die der Stpfl. an das Finanzamt zahlt (Nachzahlungszinsen), gehören zu den nach § 12 Nr. 3 EStG nicht abziehbaren Ausgaben. Nach der Rechtsprechung des BFH unterliegen Zinsen i.S.v. § 233a AO, die das Finanzamt an den Stpfl. zahlt (Erstattungszinsen), beim Empfänger nicht der Besteuerung, soweit sie auf Steuern entfallen, die gem. § 12 Nr. 3 EStG nicht abziehbar sind (BFH vom 15.6.2010, BStBl 2011 II S. 503).

Durch das Jahressteuergesetz 2010 wurde jedoch die Steuerpflicht von Erstattungszinsen in § 20 Abs. 1 Nr. 7 Satz 3 EStG gesetzlich geregelt. Die Neuregelung ist anzuwenden ab dem 14.12.2010. Somit sind die in 2011 vom Finanzamt gezahlten Zinsen i.H.v. 56 € als Einkünfte aus Kapitalvermögen zu versteuern.

Sofern Frau Müller noch sonstige über dem Sparer-Freibetrag und Werbungskosten-Pauschbetrag liegende Einkünfte aus Kapitalvermögen versteuern muss, erhöhen die 56 € Nachzahlungszinsen letztlich die Steuerbemessungsgrundlage.

D. Kapitalgesellschaften mit Gewinnermittlung nach § 5 EStG

1. Darlehen an Gesellschafter

Feststellungen der Bp:

Hinsichtlich der unterbliebenen Verzinsung des Gesellschafter-Darlehens liegt eine verdeckte Gewinnausschüttung an Harry Hirsch vor.

Es handelt sich nämlich um eine verhinderte Vermögensmehrung bei der GmbH, die durch das Gesellschaftsverhältnis veranlasst ist, sich auf die Höhe des Unterschiedsbetrags nach § 4 Abs. 1 EStG auswirkt und nicht auf einem den gesellschaftsrechtlichen Vorschriften entsprechenden Gewinnverteilungsbeschluss beruht.

Die Veranlassung durch das Gesellschaftsverhältnis liegt deshalb vor, weil ein ordentlicher und gewissenhafter Geschäftsleiter (§ 43 Abs. 1 GmbHG) die Zinslosigkeit des Darlehens gegenüber einer Person, die nicht Gesellschafter ist, unter sonst gleichen Umständen nicht hingenommen hätte (vgl. H 36 „Darlehenszinsen" KStH 2008).

Verdeckte Gewinnausschüttungen dürfen jedoch das Einkommen von Kapitalgesellschaften nicht mindern (§ 8 Abs. 3 KStG). Das körperschaftsteuerliche Einkommen der Freizeit GmbH ist daher um die marktüblichen Zinsen für das gewährte Darlehen zu erhöhen.

Berechnung verdeckte Gewinnausschüttung:

5% von 50.000 €	= 2.500 €
1.7.–31.12.2011	= 1.250 €

Änderungen durch die Bp:

Außerbilanzielle Zurechnung (vGA)	vor Bp	nach Bp	mehr	Einkommen
2011	0	1.250	1.250	1.250

Anmerkung:

Zur Besteuerung der vGA auf Ebene des Gesellschafters Harry Hirsch erfolgt grundsätzlich der Abzug von Abgeltungsteuer (Kapitalertragsteuer und Solidaritätszuschlag) durch die Gesellschaft, so dass die Einkommensteuer des Gesellschafters durch den Steuerabzug abgegolten ist. Dies gilt unter der Voraussetzung, dass Hirsch die Beteiligung im Privatvermögen hält.

Wird die Beteiligung im Betriebsvermögen gehalten, gilt das sog. Teileinkünfteverfahren, so dass die Dividende zu 40 % nach § 3 Nr. 40 EStG steuerfrei bleibt. Die Versteuerung erfolgt dann mit dem persönlichen Steuersatz.

2. Miete

Feststellungen der Bp:

Nach den Feststellungen der Bp liegt in der verbilligten Vermietung der Wohnung an die Tochter des Alleingesellschafters eine verdeckte Gewinnausschüttung, § 8 Abs. 3 KStG. Einer dem Gesellschafter nahe stehenden Person wird ein Vermögensvorteil zugewendet. Nach der ständigen Rechtsprechung des BFH liegt eine verdeckte Gewinnausschüttung dann vor, wenn die nachstehenden Tatbestandsmerkmale erfüllt sind (vgl. hierzu auch R 36 Abs. 1 KStR 2004):

– Vermögensminderung, verhinderte Vermögensmehrung
– Veranlassung durch das Gesellschaftsverhältnis
– Auswirkung auf den Unterschiedsbetrag i.S.d. § 4 Abs. 1 EStG
– nicht auf einem den gesellschaftsrechtlichen Vorschriften entsprechenden Gewinnverteilungsbeschluss beruhend

Im vorliegenden Falle liegt eine verhinderte Vermögensmehrung vor, weil die mit der Tochter vereinbarte Miete erheblich unter der ortsüblichen Miete liegt und somit der GmbH entsprechende Einnahmen entgangen sind. Die Ursache liegt im Gesellschaftsverhältnis begründet, weil ein fremder Dritter unter sonst gleichen Umständen diesen Vermögensvorteil nicht erhalten hätte. Die Auswirkung auf den Unterschiedsbetrag i.S.d. § 4 Abs. 1 EStG ergibt sich dadurch, dass der Gewinn bei Vereinbarung der ortsüblichen Miete entsprechend höher ausgefallen wäre. Ein Zusammenhang mit einer offenen Gewinnausschüttung ist nicht erkennbar.

Die Höhe der verdeckten Gewinnausschüttung ergibt sich wie folgt:

Ortsübliche Miete	80 qm	6 €	9 Monate	4.320
Vereinbarte Miete	80 qm	2 €	9 Monate	1.440
verdeckte Gewinnausschüttung				2.880

Änderung durch die Bp:

Außerbilanzielle Zurechnung (vGA)	vor Bp	nach Bp	mehr	Einkommen
2011	0	2.880	2.880	2.880

Anmerkung:

Zur Besteuerung der vGA auf Ebene des Gesellschafters Kleinmann erfolgt grundsätzlich der Abzug von Abgeltungsteuer (Kapitalertragsteuer und Solidaritätszuschlag) durch die Gesellschaft, so dass die Einkommensteuer des Gesellschafters durch den Steuerabzug abgegolten ist. Dies gilt unter der Voraussetzung, dass Hirsch die Beteiligung im Privatvermögen hält.

Wird die Beteiligung im Betriebsvermögen gehalten, gilt das sog. Teileinkünfteverfahren, so dass die Dividende zu 40 % nach § 3 Nr. 40 EStG steuerfrei bleibt. Die Versteuerung erfolgt dann mit dem persönlichen Steuersatz.

3. Empfang

Feststellungen der Bp:

Nach Feststellung der Bp liegt in der Übernahme der Kosten durch die GmbH eine verdeckte Gewinnausschüttung.

Eine solche verdeckte Gewinnausschüttung liegt nach der ständigen Rechtsprechung dann vor, wenn eine Kapitalgesellschaft im Interesse ihres Gesellschafters Aufwendungen tätigt, die in ihrer Bilanz den Unterschiedsbetrag gem. § 4 Abs. 1 des EStG mindern und die Übernahme der Aufwendungen durch das Gesellschaftsverhältnis voranlasst oder zumindest mit veranlasst ist.

Richtet eine Kapitalgesellschaft eine Veranstaltung anlässlich des Geburtstags ihres Gesellschafter-Geschäftsführers aus, sind die von der Kapitalgesellschaft getragenen Aufwendungen in aller Regel verdeckte Gewinnausschüttungen. Diese Grundsätze sind auf den vorliegenden Fall zu übertragen. Die Feierlichkeiten fanden anlässlich des 70. Geburtstag des Herrn Fischer statt (vgl. Beispiel 6.11).

Ein Vorsteuerabzug nach § 15 Abs. 1 Nr. 1 UStG ist nicht möglich, weil kein Leistungsbezug für das Unternehmen der Fischer GmbH anzunehmen ist.

Änderungen durch die Bp:

USt-Schuld	vor Bp	nach Bp	mehr	Gewinn
31.12.2011	0	1.330	1.330	-1.330

Außerbilanzielle Zurechnung (vGA)	vor Bp	nach Bp	mehr	Einkommen
2011	0	8.330	8.330	8.330

Hinweis:

Zur Besteuerung der vGA auf Ebene des Gesellschafters Fischer erfolgt grundsätzlich der Abzug von Abgeltungsteuer (Kapitalertragsteuer und Solidaritätszuschlag) durch die Gesellschaft, so dass die Einkommensteuer des Gesellschafters durch den Steuerabzug abgegolten ist. Dies gilt unter der Voraussetzung, dass Hirsch die Beteiligung im Privatvermögen hält.

Wird die Beteiligung im Betriebsvermögen gehalten, gilt das sog. Teileinkünfteverfahren, so dass die Dividende zu 40 % nach § 3 Nr. 40 EStG steuerfrei bleibt. Die Versteuerung erfolgt dann mit dem persönlichen Steuersatz.

Literaturverzeichnis

FALTERBAUM/BECKMANN   Buchführung und Bilanz – Grüne Reihe,
Erich Fleischer Verlag, Achim

KÜTING/WEBER   Handbuch der Rechnungslegung,
Schäffer-Poeschel-Verlag, Stuttgart

SCHMIDT   Kommentar zum EStG,
C.H. Beck Verlag, München

TIPKE/KRUSE   Abgabenordnung und Finanzgerichtsordnung,
Verlag Dr. Otto Schmidt KG, Köln

Sachverzeichnis

A

F

G

R

S

V

W

Z